做一個漂亮

木工雕刻機與修邊機的進階使用

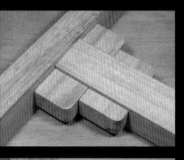  

  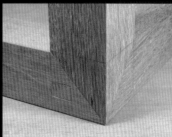

1. 包含28個最常用及明式傢具的木榫

2. 容易自製及操作的治具系統

3. 全部用照片逐步的示範操作

目錄

自序

　　這是一本木工技藝的技術操作書籍，範圍涵蓋木工雕刻機與修邊機，內容分為基礎篇與木榫製作篇兩部份。第一至三章為基礎篇，分別說明各項基本操作與治具製作的技巧。第四至十章為木榫製作篇，特別挑選出二十八個常用的或明式家具中使用的木榫，透過圖片逐步示範的方式，讓讀者明瞭各種木榫的製作方法。

　　木榫製作可用的器材與技巧非常多，即使同一種器材，也有許多不同的方法。本書中示範的技法，絕不是唯一的，也不一定是最好的，只是作者提出的個人淺薄經驗，供讀者參考而已。讀者已有的器材中能熟練操作的技巧，才是最好的技法。然而能多瞭解一些不同的製榫方法，對木工知識與技術，多少會有些幫助。為了便利讀者的查閱與參考，本書不採一般的編排方式，而以圖示配合文字步驟說明的方式編輯，力求深入技術內涵。或許因而缺少一些「軟性」與親和力，就請讀者多包涵。

　　木工技藝的經驗累積與技術傳承，必須是許多人從不同的角度與層面，不斷的提出經驗與研究成果，匯集起來才能促成進步。作者常自喻像金字塔最底下的那一塊石頭，希望每一位讀者，有朝一日有機會能成為金字塔頂尖的那一位。那我們有幸能在基礎技術上，提供一些淺薄經驗，也會同感光榮。其次，作者必須再叮嚀：無論操作任何工具或機器，都必須要遵守安全守則，隨時要『小心』；每一個環節要『細心』，才能慢工出細活；創作過程一定要有『耐心』，才能做出好作品。最後，作者的拙知管見，難免不當或錯誤，敬請讀者先進能不吝一一指正為禱。

陳秉魁

注意：特別提醒

做木工是很快樂的事，但任何小的失誤，都有可能造成巨大的傷害。從本書學習到的任何技巧，除非你覺得安全，不然不要嘗試。若有任何疑慮或覺不妥，必須立刻停止操作，並另尋其他較安全妥當且你可以控制的方法。請隨時小心注意並遵守安全守則，以確保自身的安全。

第 1 章
基本操作

INTRODUCTION TO ROUTER & TRIMMER

 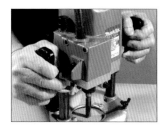

壓入式木工雕刻機
PLUNGE ROUTER

木工雕刻機，英文叫 ROUTER，俗稱為『路達』，可以使用12mm、8mm或6mm柄徑的木工銑刀。若使用12mm的銑刀，加工深度一般可以達到5或6cm，很適合製榫或搪深孔的作業。由於機身較重，通常用雙手操作，結果反而比修邊機穩定且輕鬆。但是加工小工作物，就比較具技術性。

固定底座式木工雕刻機
FIXED-BASE ROUTER

木工雕刻機有兩種類型，一種是固定底座式的木工雕刻機 FIXED-BASE ROUTER，操作方法與修邊機差不多，由於馬力大但是重量比壓入式木工雕刻機輕，所以很適合拿來倒裝在木工銑削台上使用。另一種是壓入式的木工雕刻機 PLUNGE ROUTER，操作方法就不太一樣，由於很適合製榫作業，因此本書將其與修邊機列為解說的重點。

木工修邊機
TRIMMER

木工修邊機簡稱修邊機，英文叫 TRIMMER。由於機身輕巧，底座為透明壓克力材質，很適合修邊或小工作物的加工作業。而所使用的6mm柄徑木工銑刀價格較便宜，且整台機器的單價不到木工雕刻機的一半，很符合經濟考量。只是美中不足的是6mm柄徑的木工銑刀較短，要搪超過3cm深的孔會有困難。因此要如何選擇，應當視個人的預算與主要用途來決定。

1-2 木工銑刀的種類

由左至右依序

　　【鉋花直刀】是使用最廣泛的銑刀，可以用在修邊、拼板、搪孔、製榫及雕刻等各種作業。修邊機最常使用 6mm銑刀，木工雕刻機則最常用 12mm銑刀。主要原因是銑刀尺寸與柄徑相同，作業上比較方便，而且銑刀價格也較便宜。木工雕刻機的 12mm銑刀還有刀刃長短的差異，一般是 30mm長，若要用來製榫，則需改用刃長 45mm或 60mm才可以。

　　【修邊刀】　有單培林〈Bearing〉與雙培林兩種，主要用在修邊作業。常用的有二分、三分及四分三種。修邊刀的培林與刀刃是在一直線上，所以無論修直線或曲線都非常方便與準確，在裝潢木工作業上經常使用。另有一款培林在刃的上方的銑刀，叫做後鈕刀，很適合銑削台作業。

　　【平羽刀】　的刀刃至培林的寬度只有 6mm，比T型溝線刀窄，拼板時比較省木料，所以常用在半槽邊接的拼板作業。

　　【T型溝線刀】　的尺寸規格很多，很方便銑削出需用的側溝，因此常用在舌槽邊接、貫穿方栓邊接與止方栓邊接的拼板作業。至於一般作業，亦經常使用。

　　【三角梭刀】　一般用在製作鳩尾榫，可以配合鳩尾榫機來使用。亦可用來銑削鳩尾槽，及鳩尾拼板作業。鳩尾榫因軟、硬木的不同，角度亦跟著不同。歐美木工匠一般以硬木用 1:8，軟木用 1:6來定角度，台灣的木工匠則常以角度來直接計算。若欲製作不同角度的鳩尾榫，就需訂製專用的三角梭刀，這需找專業的木工工具店才行。

　　【敏仔刀】　通常用在修邊作業上，尤其是桌緣、柱邊及線板。尺寸從一分至六分都有，可隨不同的情況而選用。

　　【1/4R刀】　有點像敏仔刀，一般也常用在修邊作業。由於其圓弧近似1/4圓弧，所以想銑削近似半圓，可以用1/4R刀來進行。但若要銑削標準的半圓，則必須改用"正半丸刀"才行。1/4R刀的尺寸也是從一分到六分都有。

　　【斜羽刀】　最常用的是45°，但也可訂購到60°，尺寸從一分到六分都有。大尺寸的斜羽刀，最好先量量自己的機器底座孔是否容納得下再購買。

　　【清底刀】　類似鉋花直刀，但其刀刃較短，且底部的刀刃是連續的，不像鉋花直刀有一道溝，所以可以把搪孔作業的底部清理乾淨，因此在做木盒或雕刻作業上很好用。

　　【圓頭刀】　通常用在銑削圓溝，也可以用在複製作業上的初步粗刻。大尺寸的圓頭刀，可以用在搪圓珠孔及製作線板。

　　以上是一般較常用的木工銑刀，其他還有非常多種不同用途的木工銑刀，限於篇幅，無法一一介紹，讀者可以視需要，向專業的工具店洽詢。

1-3 木工修邊機的銑刀安裝

首先將木工銑刀柄套上六角螺帽，再套上錐形筒夾，然後插入中心軸孔，同時壓到底。並以左手握小板手，插入中心軸的卡槽並定在一點中方向（以銑刀尖為準），左手掌押住機身。並以右手旋轉六角螺帽，至大約鎖緊，再將木工銑刀拉出約 1到2 mm。

接著以右手握大板手卡住六角螺帽，定在十一點方向。角度若太大，下一個緊固的動作會不太容易操作。

左手掌續壓住機身，兩手合握住大小板手並壓緊，直至六角螺栓完全緊固為止。若一次無法完全鎖緊螺栓，可調整大板手，再做此一動作，直至鎖緊為止。

1-4 木工修邊機的銑刀拆卸

拆卸修邊機的木工銑刀時，先將機身平放桌面，再將小板手卡入中心軸的卡槽，然後讓小板手的末端靠在桌面上。

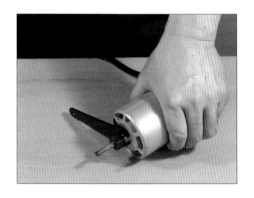

接著以左手握住機身，以防止機身滾動。

右手持大板手，從斜上方約十點鐘方向（以銑刀尖為準），卡入六角螺栓。

右手掌平伸，五指張開，壓住大板手末端，然後以手臂及身體的力量向下壓，即可鬆開六角螺帽，再卸下木工銑刀。要注意，右手五指絕對不可彎曲，否則會被板手夾到。若銑刀卡太緊，取不下來，可將中心軸靠在桌緣，以板手輕敲錐形筒夾或銑刀柄，即可退出銑刀。

1-5 木工修邊機的歸零

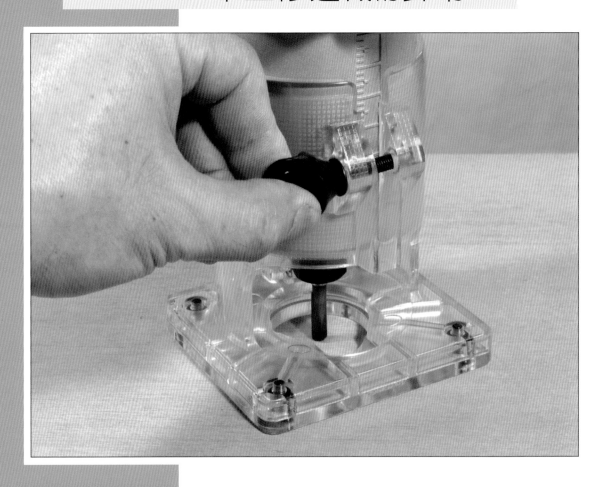

　　歸零的目的，是為了使修邊機上的表尺與銑刀能有連動關係。由於木工銑刀的長短不一；而安裝木工銑刀時，也無法每次都插入固定在同一深度；且工作物是平面、或凹孔，都會造成如何決定銑削深度的問題。再者，修邊機的最佳銑削深度，一般約在3一6mm左右，要搪深孔，就必需分次進行，否則就會使銑刀快速鈍掉，或傷害機器。因此，每次安裝好木工銑刀，在使用修邊機前，都要做歸零動作。

歸零的方法，按以下步驟進行：

1. 將修邊機豎立在工作物或平坦桌面上。若是搪凹孔，則立在凹孔處。
2. 轉鬆基座上的塑膠轉鈕，使銑刀端接觸工作物或抬面。
3. 旋緊塑膠轉鈕。
4. 檢查機身上的表尺刻度，其數據即代表 "零"。每次銑削，即依此數據遞加。

1-6 木工修邊機的基本操作

修邊機一般以單手操作，但為了維持穩定與平衡，可用另一手來輔助。操作時，首先握穩修邊機，然後打開修邊機的開關。初學者剛剛開始學操作時，常會被機器啓動時的震動與聲音嚇到，若沒握穩機器而鬆手，不但會摔壞機器，也會發生危險。

修邊機啓動後，機器會迅速達到正常轉速，就可以將修邊機的銑刀垂直插入工作物。若是在修邊作業，則先將基座貼緊下面的工作物後，再慢慢的將銑刀靠向工作物，此時一定要握穩機器，以免回彈。

修邊機銑刀壓入工作物後，即可推動進行銑削。推動的速度因木材種類、銑削深度、及銑刀利鈍而會有不同。若有推不太動的感覺，或是馬達聲音沉重時，就需放慢速度。在推進的過程，要保持修邊機的平穩，不可傾斜，否則銑削面就無法垂直。

完成銑削動作後，即可垂直提起修邊機，使銑刀離開工作物。若不垂直提起修邊機，會有打斷銑刀或是打壞工作物的危險。若是修邊作業、或是使用 T型溝線刀、平羽刀，應先向右平推使銑刀離開工作物，再提起修邊機。

提起修邊機後，就可以關掉修邊機的開關，然後把修邊機平放工作檯上。銑刀尖必須朝前，才不會傷到自己。若要隔一段時間才會再用，最好先拔掉插頭。

1-7 木工雕刻機的銑刀安裝與拆卸

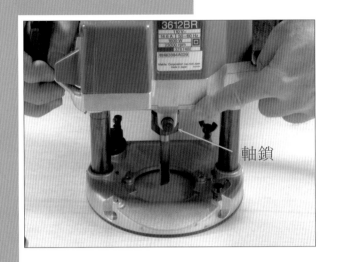

軸鎖

壓入式木工雕刻機 PLUNGE ROUT-ER通常用軸鎖配合板手來安裝或拆卸銑刀。而軸鎖的形式，因各廠牌型式而不同，但操作上則大同小異。

安裝或拆卸銑刀時，首先需關掉電源，拔掉木工雕刻機的插頭，然後將機身平放，左手掌壓住機身，左大拇指輕壓軸鎖，再以右手轉動中心軸，至軸鎖鈕可以壓入卡槽，固定中心軸為止。

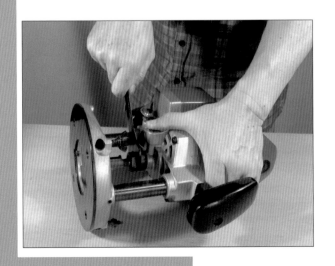

左手拇指續緊壓軸鎖鈕，並用左手掌固定機身。右手握住板手，插入中心軸的板手卡槽，板動螺栓，即可安裝或拆卸木工銑刀。

1-8 木工雕刻機的歸零

制動器杆
快速供料按鈕
調節六角螺栓
停止檔

進行木工雕刻機的歸零動作前，應先拉高制動器杆，再壓下木工雕刻機，讓木工銑刀接觸工作物面。

接著放下制動器杆，使其碰到停止檔，此時表尺上的數據即為"零"。根據此數據，拉高制動器杆至欲銑削的深度，即完成歸零與設定深度的動作。例如歸零後表尺的數據為20mm，欲銑削的深度為25mm，則將制動器杆即調到表尺此數據為45mm的位置。

若銑削需要分為不同的深度時，可以利用停止檔來控制每段銑削的深度。操作時，只要抓住停止檔轉盤，稍向上提起再轉動到定位，然後鬆開手就可以了。

停止檔的調整，可利用隨附的小板手（在大板手末端），配合十字螺絲起子來調整。

使用木工雕刻機前，應先檢查木工銑刀是否安裝妥當，軸鎖鈕有無卡住，機身上的電源開關是否在"關"的位置，機身是否在升起狀態。一切沒有問題，再插上電源，然後用雙手握住木工雕刻機的把手，打開電源。

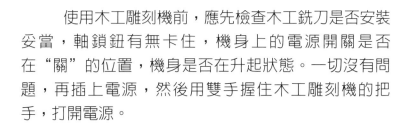

接著雙手力量平均，垂直的將木工銑刀壓入工作物。木工雕刻機因為馬力較大，廠方規定的銑削深度能力，通常都很大，若要按其深度一次銑削，會有不易壓入及銑刀容易鈍掉的情形，此時若分次，一次壓入一點來銑削，即可改善。

當銑刀壓入到一個深度，即固定好深度，開始銑削。好了之後，再放鬆固定鈕，再將銑刀壓入一點，再固定深度銑削，重複這個動作，到完成預定的銑削深度為止。

當制動器杆碰到停止檔，就完成銑削深度，即放鬆固定鈕，升起機身。

最後關掉電源開關，即完成整個基本操作程序。若不再使用，就拔掉電源線。

第 2 章
木工銑削台的操作

INTRODUCTION TO ROUTER TABLE

2-1 木工雕刻機的基本操作

木工雕刻機或修邊機都可以用來安裝木工銑削台。通常用木工雕刻機來安裝銑削台，是為了應付較大的工作物，所以會用較大的木心板或三夾板當抬面，再把木工雕刻機裝在小塊的壓克力板或鋁板上，然後鎖在抬面上。而修邊機台通常較小，可以比照木工雕刻機的方式安裝，也可以用整片的壓克力板或鋁板當抬面。用整片壓克力板的好處是不會有木心板與壓克力板的接縫，抬面會更加平滑；缺點是材料費較貴，且壓克力板須小心刮傷。

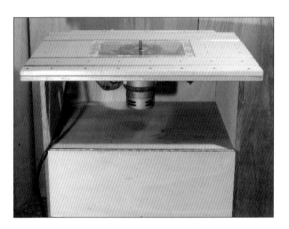

平台式木工雕刻機銑削台

修邊機銑削台，附圓鋸機台

銑削台的操作，和手持機器的操作方式相反。手持機器時，是工作物固定，只移動機器。而銑削台則是機器固定在抬面，用手推動工作物來完成銑削。對於不易固定、或較小的工作物，可以很容易在銑削台上操作，而且較省力。若配合使用羽毛板及輔助推板，可以很安全及穩固的操作機器，銑削出很好的效果，所以很適合女性及手臂力較弱的工作者。

由於木工雕刻機的銑刀較長，除了可安裝成『平台式銑削台』，也可以安裝成『橫式銑削台』。橫式銑削台很適合製作方榫及挖榫孔，只是挖榫孔時，會成圓角，必須用鑿刀修成直角；或是將方榫的四個角修圓來配合。

安裝銑削台時，有幾項有用的裝置，先說明如下。至於操作時，常用的輔助器材，及操作的要點，則在後面幾節再分別詳細說明。

橫式木工雕刻機銑削台及推板

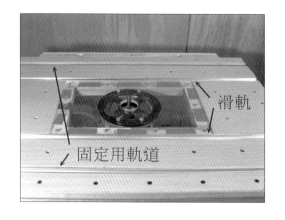

軌道：分為滑軌與固定用軌道兩類。在使用推板的情況，雖可以用桌緣當軌道，但不易控制。如果改用滑軌，即可改善。固定軌主要用來安裝羽毛板、擋塊及固定各種輔助裝置，也有人拿來代用滑軌。裝置滑軌，可依個人使用習慣，用單邊軌或左右雙邊軌。

吸塵裝置：可分別裝置在導板上，或銑削台面的下方。銑削操作過程，若能使用吸塵裝置，不但可以防止木削紛飛，也可以防止木削掉入機器內部。

微調裝置：橫式銑削台必須有微調裝置，才好調整銑刀高低。平台式銑削台則視個人需要來決定。簡單實用的方式，是自己用螺栓配合木塊來製作，省錢又好用。

肘節夾：這是一種很快速方便的固定夾，可以用來固定導板及輔助裝置，也可以用來固定工作物。

安全撐木：修邊機的基座只有一只螺栓固定，為了避免在操作過程中磨損鬆脫，最好加裝安全撐木，可以防止機器掉下來。

2-2 銑削台導板

銑削台導板也稱依板，英文叫FENCE。當操作銑削台時，要維持工作物的直線推進，就必須依靠導板來輔助。導板有很多種樣式，本範例是功能較多的型式。

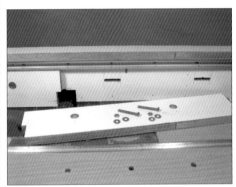

由於木工銑刀有大小粗細之別，若用固定大小的銑刀孔較不方便。因此若改成左右兩片，可以藉由後面支撐板來調整銑刀孔大小；必要時還可加入薄片於前後板之間，很方便調整導板左右片的前後。

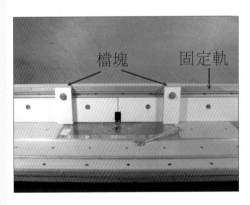

檔塊　　　　固定軌

導板加裝固定軌道，可以很方便加裝檔塊，對於銑削止溝或中段銑銷的幫助很大。

導板的背後可以加裝吸塵裝置，如果是使用吸塵器，可以拆下濕式吸嘴的頭來充當。

2-3 輔助推板

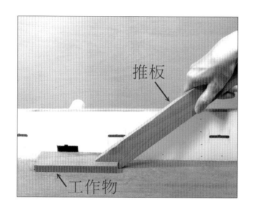

輔助推板的主要用途是『穩定』並輔助『推進』工作物，讓手不必接近木工銑刀，同時防止工作物彈跳起來。所以操作銑削台，可以用推板當做手的延伸，以確保安全。推板的樣式，可隨個人喜好與需求來製作，銑削較短的工作物，一般可用細長型的推板。

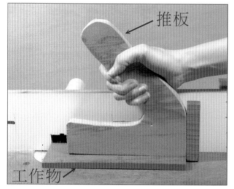

如果是較長的工作物，則可以用長推板，較容易維持穩定。

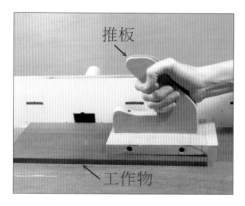

但是遇到長又廣的工作物，使用較寬的推板比較好用。

若是要橫斷工作物的纖維木理，則用此款推板的效果較好。尤其用於製作方榫，非常快速方便。

2-4 羽毛板

羽毛板的作用是防止工作物在操作過程發生彈跳情況，以維持銑削的品質。要用幾片羽毛板，可視情況及個人的習慣而定，只要有達到穩定工作物的效果就可以。羽毛板可以自己用實木來做，也可以買現成的。

在使用直式的銑刀銑削面板時，必需將工作物立起來。為了避免銑削工作物的過程搖動，除了使用較高的依板外，還需使用羽毛板頂住工作物。為了確實頂穩工作物，可以使用雙層羽板。惟需特別注意的是下羽毛板必需用檔塊頂住，操作過程才不會晃動。至於上下羽毛板間的墊木厚度，視情況能讓上羽毛板撐住工作物，同時又不會妨礙雙手操作即可。

上羽毛板
下羽毛板
墊木
檔塊

2-5 木工銑削台的基本操作

首先測量銑刀伸出台面的高度，若要銑削較深的溝槽，要分次進行，比較不會損壞機器或弄鈍銑刀。量好高度就鎖緊機器，若是使用修邊機，記得要一併鎖緊安全撐木。

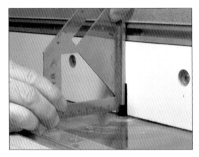

接著用量具測出依板與銑刀刃的距離是否符合工作需求，若有誤差，可以微調依板來更正。

依板調整好了，就用固定夾固定好。固定時要注意不可碰偏依板，固定好要再次檢查確認一次。

開始進行銑削時，靠近依板一側的工作物，用右手持輔助推板來推進；離依板較遠一側的工作物，用左手來輔助。左手輔助時，除了向前推進工作物之外，還要注意工作物要貼緊依板。

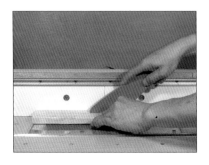

工作物要推離木工銑刀時，右手持輔助板要壓穩工作物，左手不要過度施力，才不會滑手受傷。或是左手稍往前移，避免放在工作物的尾端也可以。最安全的方式，就是架設羽毛板，同時使用輔助推板來推工作物。

2-6 中段的銑削法

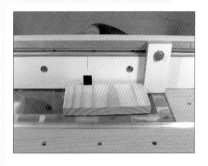

作業過程中，若需銑削如右圖的木料之情況，可以先裝上右檔塊，讓木料頂住檔塊時，銑刀的左緣剛好切齊木料的左緣線。

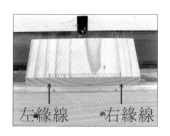

左緣線　　右緣線

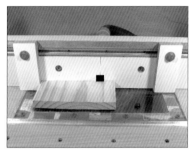

接著裝上左檔塊，讓木料頂住檔塊時，銑刀的右緣剛好切齊木料的右緣線，再開始銑削。

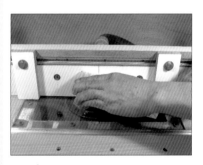

銑削時，先將木料的左緣線端（即前端）抬高，不可碰到銑刀；木料的右緣線端（即後端）頂住右檔塊並貼緊台面。

接著將木料前端也壓下來貼緊台面，然後將整塊木料往前推進，至頂到左檔塊。

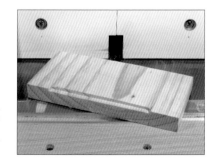

然後用左手壓住木料前端，右手抬高木料後端，讓木料不要碰到銑刀，再往外拉開木料，即可完成如右上圖效果的中段銑削。

2-7 細木條的銑削

當銑削細木條時，常常遇到很難壓穩木條的狀況，而且手太接近銑刀也很危險，此時可以取一片與細木條等高的木片當撐板，頂住細木條，防止外彈。

接著再在上面蓋一片與撐板等寬的木片當壓板，壓板必需頂住依板，同時能蓋住細木條，以防止細木條上彈。

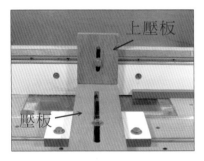

然後在依板上固定一塊木塊當上壓板，頂住壓板。上壓板的用途是為了防止壓板在銑削過程受力過大而上彈。

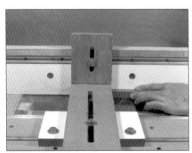

固定好整個輔助器材，就可以啓動機器，開始銑削。細木條用手由壓板、撐板與依板圍成的孔推入。推進細木條的速度要適當，才不會造成機器太大的負擔或損害木料。

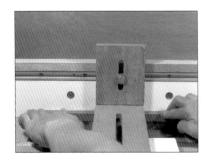

當細木條由孔的另一端穿出時，就用一手拉、一手推的方式，推進木料。最後用雙手將細木條完全拉出來，即可完成如右上圖的銑削效果。

第 3 章
輔助器材的製作

INTRODUCTION TO FENCES & JIGS

 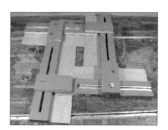

3-1 直線導尺的製作與操作

　　本節所示範的直線導尺（英文叫做Two-part Fence 註）屬於改良型，很容易設定與操作。只要將導尺緣對齊工作物的擬銑削線，再用固定夾夾緊，即可銑削。但也有缺點，即每一支導尺只能適合特定尺寸的銑刀。譬如說，用 6mm 的鉋花直刀製作的導尺，就無法讓8mm的鉋花直刀來用。因此，一般在製作這一系列的導尺時，修邊機就用6mm的鉋花直刀來製作，木工雕刻機則用12mm的鉋花直刀來做。至於其他尺寸的銑刀，就視個人需求與使用的頻繁度來追加。如果不是常用的尺寸，可以改用一般的導尺來操作，比較省事。

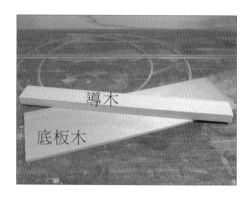

　　製作導尺的材料用三夾板或木心板都可以。導木一定要直，一般用三分以上的厚度。底板木則用6-9mm厚的三夾板，長度與導木等長即可，但寬度必需寬於木工雕刻機底座緣至銑刀緣的距離與導木的寬度之和。

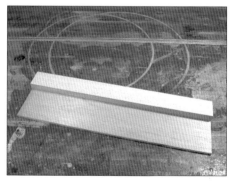

　　導木與底板可以用螺釘、鐵釘或釘槍針固定。

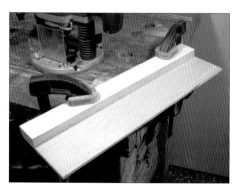

　　釘好的導尺用兩支固定夾先固定在工作台邊。

註：見Gary Rogowski著 ROUTER JOINERY 第143頁(The Taunton Press)

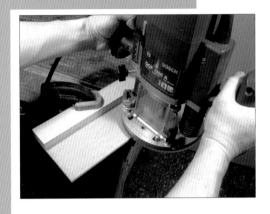

然後用木工雕刻機將多出來的底板銑削掉，直線導尺就完成了。接下來，我們就來測試做好的直線導尺。

取一片廢木，先在上面用鉛筆畫一條直線。

再將直線導尺的底板緣對齊直線，用兩支固定夾夾緊。

接著用木工雕刻機沿著導尺銑削一遍，拆掉導尺，即可看到廢木上，已沿著鉛筆線銑削完成了一道槽。此種銑溝的方式，在『舌槽邊接』作業，如果銑刀尺寸剛好能配合設定的槽寬，也可以直接適用。

3-2 L型導尺的製作與操作

L型導尺是前節直線導尺的進階運用，一般都是兩個配成一組來使用。由於操作步驟比下一節井字導尺簡單，很適合用在操作程序複雜及大工作量的製榫作業。至於搪孔作業，受限於寬度，只能用於較小的方孔及止溝銑削。大方孔的搪孔，則需改用井字導尺。

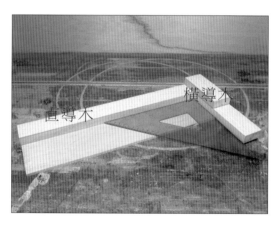

依前節製作的直線導尺成直角釘上橫導木，即成 L型導尺。釘的時候，可以放一支直角三角板來測量輔助，確實維持直角。

釘好導尺，就取一片不要的廢木料，將導尺放在廢木上用固定夾夾好。

然後用木工雕刻機沿著導尺推銑到底，再向右移動一些，即可銑削出一個倒『L』型的槽。

再用三角板頂著導尺的直導木，對齊倒『L』槽的底端，在導尺的底板畫一條線。另一支導尺也一樣做。由於木工雕刻機的底座，前後左右多少會有一點點誤差，按照底座左緣製作的導尺，最好不要用在其他邊。其他的每一邊導尺也一樣，最好不要混用。

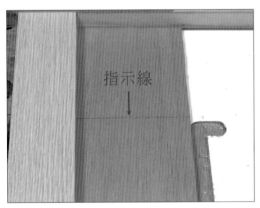

指示線

這條線就是後端的指示線。換言之，木工雕刻機最遠只能推到這裡，就頂到橫導木了。如果要配合導尺固定座或導尺輔助夾來使用，最好在直導木上銑削出一道螺栓固定槽，比較方便使用。

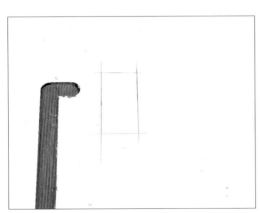

接下來，我們用同一塊廢木，畫出一個類似榫孔的長方形孔，當作測試。

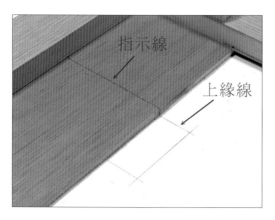

先將導尺底板緣切齊長方孔的左緣,底板上的指示線對齊長方孔的上緣線。

另一支導尺,按相同的方法,相反方向放置,四角用固定夾夾緊。

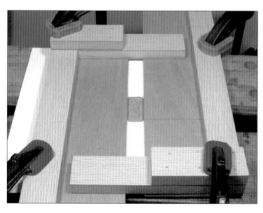

用木工雕刻機在導尺內緣銑削一遍,即可搪好長方孔。

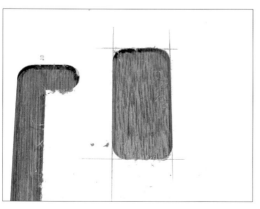

檢視這個長方孔,可以看到長方孔的四邊,已沿著線銑削完成。至於四個角的圓角,是銑刀圓形使然,若想成為直角,用鑿刀去掉即可。

3-3 井字型導尺的製作與操作

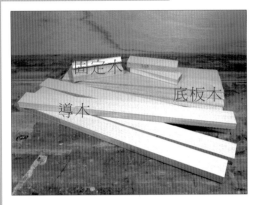

井字導尺的主要用途為搪方孔，特別適用於製作型板。製作導尺需準備四片長木條當導木，四片與長木條等寬的短木條當固定木，及四片較長木條短的底板。

首先把導木靠在底板左緣釘牢，前端留出餘長。

把釘好的導尺夾牢在工作台上。

用木工雕刻機將多餘的底板去掉。

然後在導木的前端釘上固定木，依樣四片都釘好，井字導尺就製作完成了。

接著在廢木上畫出一個方孔，來嘗試操作。

首先，左片導尺的底板緣先對齊方孔左緣；底板前端，與遠端的線切齊，用固定夾暫時夾住。

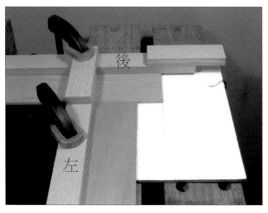

接著用同樣的方式，放上後片的導尺，但固定夾則夾在左片及後片導尺交接處的固定木上。

再依樣裝上右片導尺,固定夾則夾在右片及後片導尺交接處的固定木上。

最後裝上前片導尺,固定夾除了固定右片及前片導尺外,第一次暫時夾定在左片導尺的固定夾,也移到左片及前片導尺的交疊的固定木上夾牢。

完全夾好導尺,就可以用木工雕刻機在導尺的內框銑削。

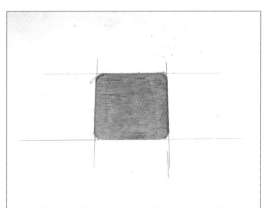

檢視銑削後的成果,很清楚可以看到已經按鉛筆線將內部清除掉。至於四周圓角,若有必要,可以用鑿刀清除掉。

3-4 複合導尺的製作與操作

複合導尺嚴格講，就是將兩支井字導尺加裝軌道，另兩支則銑出螺栓固定槽組合成可活動調整的 L型導尺。讀者或許要問：「已經有 L型導尺與井字導尺，為何還需要複合導尺？」就一般情形言，前兩者確實足以應付。但某些特殊狀況，例如工作

物很長或很重，不易搬動，很難放上導尺固定座，此時若以複合導尺配合導尺輔助夾，就很方便操作。還有，要製作某些明式傢俱的木榫，如有複合導尺會更方便。

複合導尺的固定軌道，可以用木工銑削台的同款軌道，這樣才不必準備不同規格的螺栓。至於螺栓固定槽，可用9mm的鉋花直刀來搪，要挖到透才可以。其他的步驟，都跟井字導尺的製作方法一樣，就不再贅述。

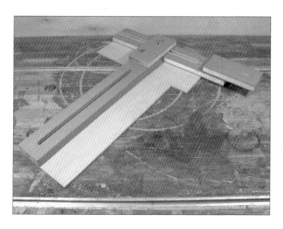

組合時，是一支有固定軌的導尺，與一支有螺栓固定槽的導尺，合成一支可調整的 L型導尺。使用時，第一支複合導尺切齊方孔的左緣線與上緣線，第二支複合導尺則相反方向切齊又緣線與下緣線，然後固定好，就可以操作了。

3-5 導尺固定座的製作

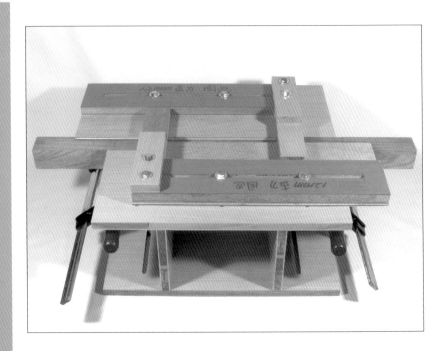

導尺固定座是配合前幾節的導尺,用來固定工作物及安裝導尺的輔助器材。為了讓木工雕刻機在操作時,能維持平衡與穩定,通常以兩個一組來使用。

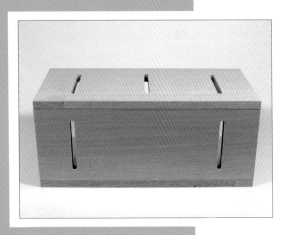

製作固定座平台,可以用木心板,兩片45cm×20cm當上下板,一片45cm×15cm當立牆板,另外兩片18.2cm×15cm用來固定上下板及立牆板。上板開三道9mm寬的槽,用來固定導尺(見圖左上)。立牆板開兩道一樣寬的槽,用來固定工作物支撐條(見圖左下)。固定座平台與支撐條必須各做兩個,配成一組來操作。

使用時,首先將工作物切齊台面,用固定夾夾住。再將支撐條往上抬,貼緊工作物下緣,然後用螺栓鎖緊,最後將導尺與工作物的擬銑削線對齊,用螺栓固定在平台上,即可開始操作。

3-6 導尺輔助夾的製作

當工作物太重或太長,不易放置在導尺固定座上操作時,可以改用導尺輔助夾來固定工作物與導尺。使用導尺輔助夾時,需兩個一組,用固定夾夾緊在工作物上,再用螺栓將導尺與導尺輔助夾栓緊,即可操作。搪一般的孔,可以使用 L型導尺;若孔的長度,超過

L型導尺的控制範圍,則改用複合導尺。

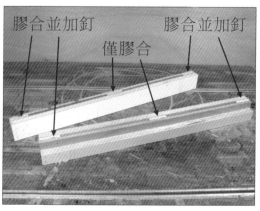

膠合並加釘　　膠合並加釘
僅膠合

製作導尺輔助夾,需準備兩片 60 × 5cm 的木心板,及兩片相同尺寸的三分三夾板,另加兩片60×3cm的木心板,還有六片5×5cm的三分三夾板。(見圖左上)

首先將60cm 的木心板兩端,各黏上一片5×5cm 的三分三夾板並釘牢,而中間僅上膠黏合一片 5×5cm三分三夾板。黏好後,在三片5×5cm 的三分三夾板上塗膠,黏上60cm的三分三夾板,同樣兩端釘牢。最後在三夾板上,黏上60×3cm的木心板。黏合時,要一邊切齊,一樣只兩端加釘即可。(見圖左下)

中間不加釘的原因,是防止木工銑刀在操作時,不慎碰到輔助夾,若內有釘,會損壞木工銑刀。

第 **4** 章
邊接

TONGUE & GROOVE JOINTS

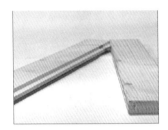
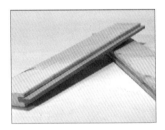

4-1 利用鉋花直刀的修邊作業

　　修邊的作業方式，與搪孔不同。操作機器時，是由側邊向工作物靠入，而不是由上往下將木工銑刀插入工作物。修邊作業大致可分為修直線與修曲線兩類，使用的木工銑刀以鉋花直刀與修邊刀為主，常用的輔助器材則有導尺、直線導板、樣規導板與型板。

　　用來輔助修直線的導尺，可以用簡單的任何『直』而且『有點厚度』的材料，也可以使用第三章的改良式直線導尺。

　　在修邊的過程，有時會遇到逆木理的情形，此時必須從相反方向倒銑回來才行。或是由工作物的最末端，一次修一點，依序銑削，最後再由尾至頭（或由頭至尾）銑削一次，這樣才不會打壞木料。

　　修邊作業進行中，機器底座一定要貼緊工作物，不可以翹起來，否則修出來的邊就不會與面成直角。要銑削掉的材料若很厚，則必須分次銑削，銑刀才不會很快鈍掉。

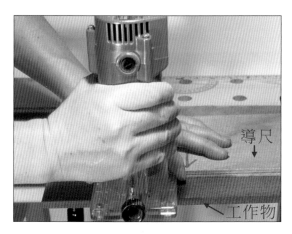

　　用鉋花直刀配合導尺修直線時，工作物放在下面，導尺按基座的邊至銑刀緣的距離往後縮，然後在上面固定好。利用基座的邊當導引，靠緊導尺，接著向前推進來銑削。至於改良式的直線導尺的操作方式，已於第三章說明，請讀者自行翻閱參考。

　　用直線導板來修直線時，導尺是放在工作物的下方。而導尺並不一定需與工作物的擬銑削線重疊，凹入或凸出都可以。

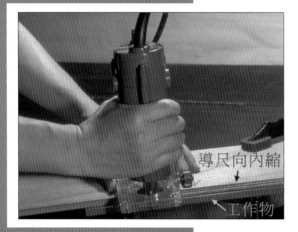

導尺向內縮

工作物

樣規導板簡稱樣規，其作用有點像培林。由於它是套在銑刀的外側，不能接觸到銑刀刃，所以在修邊時，就必需計算一下，公式是：『(樣規孔外徑－銑刀刃直徑)／2』。例如：樣規孔外徑是10mm，而銑刀刃的直徑是6mm，依上述公式即得出距離是2mm。換言之，導尺必需固定在擬銑削線向內縮2mm處。計算好內縮的距離，將導尺放在工作物上方固定好，即可進行修邊。

修曲線的計算方法，和修直線相同，只是將導尺改為型板而已。

修邊機樣規導板的安裝

1.

黑色的樣規是隨機附的，另外三個不同孔徑的銅樣規是另購的。

2.

首先將基座底板上的四顆螺栓，用十字起子卸下來。

3.

將底板拿下來。

4.

裝上樣規，記得不要弄錯方向。

5.

蓋上底板再鎖上螺栓即完成了。

6.

將基座套上修邊機就可以開始作業了。

4-2 利用修邊刀的修邊作業

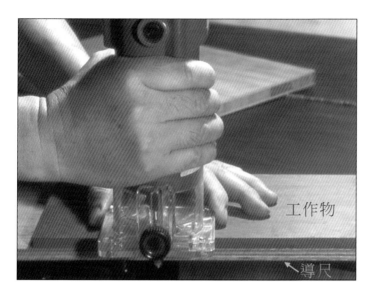

工作物

導尺

修邊刀是利用培林來導引，所以導尺是放在工作物的下方。用固定夾將工作物與導尺固定好，銑刀調到培林剛好靠在導尺的位置，即可開始修邊作業。

一般在修邊作業時，除了直線、圓形與橢圓形有專用的輔助器材可以利用外，其他的就必需借助型板了。尤其是曲線或多邊形，更是非有型板不可。而型板若只是用一次或少數次，用三夾板或木心板來做就可以了。如果要複製的數量很多，就需選用更堅硬、耐磨的材質，才不會變形。型板是關係未來作品成敗的最基本因素，尤其是多組件的作品，更是要求精確。

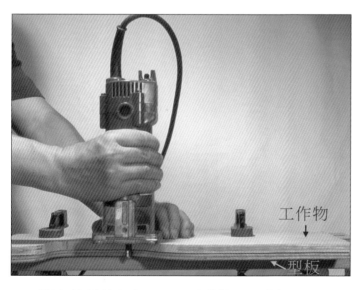

工作物

型板

修邊刀的曲線修邊作業，也是將工作物放在型板上方，再用固定夾夾好，然後操作機器，沿型板修飾即可完成。

附有培林的平羽刀、T型溝線刀、斜羽刀、1/4R刀及敏仔刀的修邊作業，與修邊刀的修邊作業方式是相同的，只是在製作型板時，要考慮轉彎的弧度，才不會發生有些地方銑削不到的情形。

4-3 半槽邊接

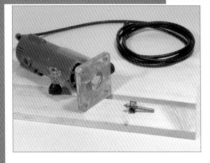

半槽邊接一般用平羽刀來操作。也可以用T型溝線刀，只是會浪費較多的木料。當然也可以改用鉋花直刀，加裝直線導板來完成。

首先量出木料的厚度，除以一半再加一點點。例如木料是17mm，除一半是8.5 mm，再加一點點，就取9 mm當作銑削深度。加那一點點，是為了拼合時塗膠的空隙。但也不可以太大，否則膠乾了會留下難看的孔隙。

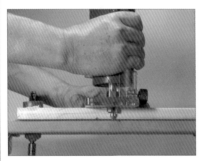

要拼合的木料應先做個記號，然後用修邊機先將一片導出上溝，再將另一片翻過面來，底面朝上，一樣也銑出溝在翻回去。試著將兩片木料接合看看，是否剛好，如果不夠深，就調整銑刀，再銑一次。

銑出來的溝，維持一上一下的規律，無論拼接多少片木料均相同。而拼接效果的好壞，重點在每片木料厚度是否相同，及塗膠黏合後固定的情況。所以要開始拼板作業前，一定要將木料鉋到相同厚度才好拼接。

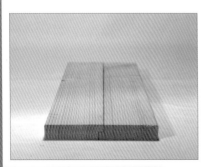

試接看看，若無問題，即可塗膠，放在平坦的檯面，用固定夾夾起來，等膠乾固。如果不用固定夾，或是桌面不夠平坦，將來拼合的板就會彎曲。塗膠時，需雙面都要塗滿。接合時，多出來的膠會被擠出來，不要急著擦掉，等乾固後用砂布機磨掉，才能有平坦的接縫。

4-4 舌槽邊接

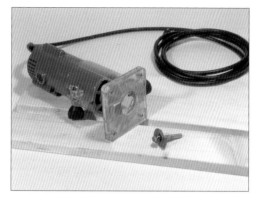

舌槽邊接一般使用T型溝線刀來作業，其尺寸規格約為木料厚度的三分之一。例如六分厚的木料，就用二分的溝線刀。

首先，銑削出中間的"槽"。必須注意的是上下邊要留一樣厚，這樣下一個程序才好進行。如果是多片木料拼接，就把每一片的"槽"先銑出來，再銑"舌"的部份，才容易作業。

銑好"槽"後，量出上、下邊的厚度，如果相同，即可定出銑刀深度，先銑削上半部，再將木料翻面銑削一次，就完成了。若上、下邊不一樣厚時，則需先定出上邊的銑刀深度將上半部銑削好；然後再定出下邊的銑削深度，將木料翻面再銑削以完成"舌"部。

接著要試拼看看，不可太緊，否則接合時會裂開。但也不可太鬆，否則會減弱拼合的強度。太緊時，可用銑刀再修一次，直到合適，即可塗膠固定。若太鬆，但誤差不大，可用AB膠來補救。倘若誤差太大，只好先黏一片木片，等乾了之後，再重新銑削。

4-5 貫穿方栓邊接

方栓邊接的作業方式，就像前節的"槽"，而且雙面都是槽。為了增加膠合的面積，一般都以 T型溝線刀來作業，尺寸以板厚的三分一來使用即可。換言之，18mm 厚的木料，就用6mm 的T型溝線刀。

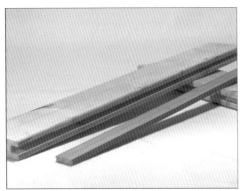

為了增加強度，方栓的木紋走向，必需與工作物的木紋成交差，當然成垂直最好，不然也要成斜角。最好不要成平行，否則會很容易從接合處斷裂。如果要求的強度不是很大，可以用三夾板來當方栓，按木紋成45度裁切，可成為很好的木栓。

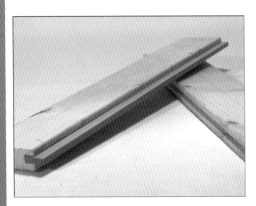

拼合時，方栓與槽都要塗上膠。一般用藍寶樹脂即可，若常會碰到潮濕，可改用AB膠。固定時，不妨先舖一層報紙，再將工作物放上去拼合固定，這樣可以避免工作物黏住桌面。等膠乾了之後，撕掉報紙，再用砂布機磨平並磨乾淨接合面。

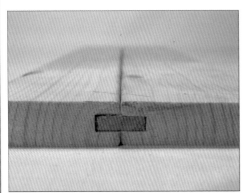

由圖左可看出，貫穿方栓的拼板方式，兩端會露出方栓。因此一般會在兩端再裝上夾木，以隱藏露出的方栓。這種處理方法，可以常常在西式餐桌或櫥櫃的門板上看到。

4-6 止方栓邊接

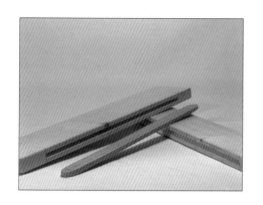

　　止方栓邊接與前節的貫穿方栓邊接的不同，在於"槽"並不貫穿。目的是避免方栓露出來，影響美觀。除此之外，其操作及拼合與前節相似，就不再贅述了。

　　方栓邊接最大的優點是不會減少板寬，尤其在大面積多木片的拼接，差別更大。以舌槽邊接來說，每拼合一片木板，就少了約一公分，若連續拼合五片，就少了五公分，因此就必需準備更多的木料，才能拼合到原設計的寬度。若採用方栓邊接，就不會有這種問題。但是方栓若是用與工作物相同的木料來製作，因為木料纖維走向的關係，有時會有困難。若是用三夾板來取代，會降低高級木料的質感。所以一般而言，松木、杉木或柳安木等軟木類，可以用方栓邊接，中間即使以三夾板當方栓，也可接受。但是若使用黑檀、紫檀或花梨等高貴木，還是用舌槽邊接比較好。

木料材積的算法

　　台灣木工行業習慣使用台尺制，所以計算材積也是使用台尺的材積算法。當我們要計算一塊木料的材積時，首先需把木料的長寬高換算為台寸，再相乘然後除100就是材積。換言之，它的公式是：

(長cm/3) × (寬cm/3) × (高cm/3) ÷ 100 ＝ 材積

例如一塊木料的尺寸為 (長36cm × 寬18cm × 高9cm)，其材積按公式計算如下：
(36/3) × (18/3) × (9/3) ÷ 100 ＝ 12×6×3÷100 ＝ 2.16材

第 **5** 章
橫槽接合

DADOS & GROOVE JOINTS

5-1 舌槽對接

舌槽對接通常使用在擱板厚度夠厚，可以做出舌槽的情況。製作時，先在豎板上銑出一道窄槽，再在擱板上做出一個凸榫，即可對接起來。

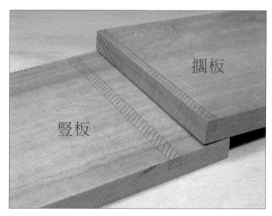

擱板

豎板

一般而言，與地面呈垂直的木料，稱之為「豎板」；與地面呈水平的木料，稱之為「擱板」。

首先將豎板平置於工作台上，然後將 L 型導尺（第三章的其他款導尺亦可），對齊窄槽的邊線夾緊。槽的寬度若剛好與銑刀大小相同，就使用一支導尺。如果較大，則使用兩支導尺。

接著啓動木工雕刻機，將窄槽銑削出來。

銑削好的窄槽兩側，通常會有一些毛邊，這是橫斷木料常有的現象，用砂紙磨掉就可以了。

豎板的窄槽做好後，就依著窄槽寬度，開始做擱板的凸榫。

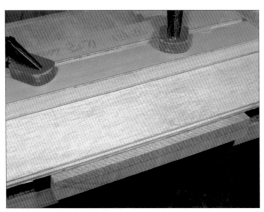

一樣將擱板平置於工作台上，然後用導尺對齊凸榫線夾緊。

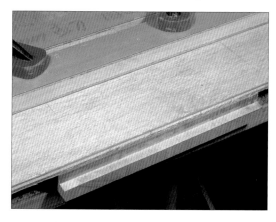

啓動木工雕刻機，將斜線部份銑削掉。

拆掉導尺，再將毛邊用砂紙磨掉，擱板的凸榫就完成了。

一般的製作程序，是所有的對接榫都做好後，才開始接合。接合時必須塗膠固定，將來才不會脫落。

對接完成，可以看到舌槽對接的結構，若是要隱藏起來以增加美觀，則可改用止槽的接合方式。

5-2 橫槽對接

當擱板較薄不適於做出舌榫，或是為了節省工時，通常會使用橫槽對接的結構方式。施工時，只需要按照擱板的厚度，在豎板上銑削出一道等寬的槽，即可接合。

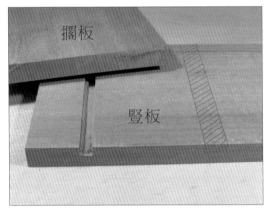

擱板

豎板

為了讓讀者能夠比較舌槽對接與橫槽對接的不同，我們用相同厚度的擱板，並且用前一節的豎板來做橫槽，即可看出兩者的差異。

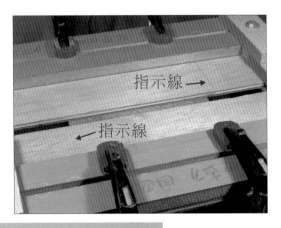

指示線 →

← 指示線

首先將豎板平置於工作台上，用兩支 L型導尺（第三章的其他各款導尺亦可），對齊橫槽的兩側邊線夾緊固定，導尺上的指示線要稍離開豎板木料。

　　啓動木工雕刻機，將斜線部份銑削到預定的深度。

　　拆掉導尺，磨掉橫槽邊的毛邊，即完成豎板上的橫槽。

　　接合時，一樣必須上膠固定才可以。

橫槽對接 ——→

舌槽對接 ——→

　　相同厚度的擱板，用橫槽對接或舌槽對接的方式接合，兩者的視覺感覺是不同的，要採用何者，就憑讀者的感覺與個人偏好了。

5-3 止橫槽對接

止槽是為了不使舌槽或橫槽的對接榫外露，讓豎板與擱板的接合外觀保持完整而採用的接合方式。本節只示範止橫槽對接，至於止舌槽對接，讀者可以自己類推嘗試。

止橫槽是豎板上的橫槽不貫穿，而且槽的寬度與擱板的厚度相同。而擱板只需去掉最前端的斜線部份，就可以構成完整的對接榫。

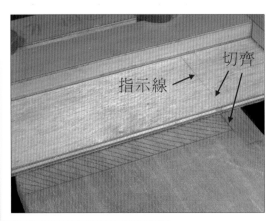

首先將豎板平置於工作台上，左側的 L 型導尺對齊止溝線左緣，而導尺上的指示線與止溝的端線切齊，再用固定夾夾緊。

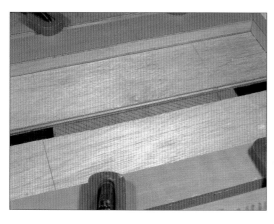

　　右側的 L型導尺則對齊止溝線的右緣，導尺上的指示線離開豎板約 2cm，用固定夾夾緊。

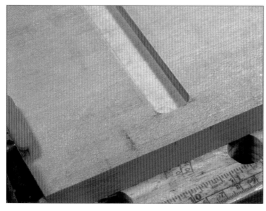

　　啓動木工雕刻機，銑削掉斜線部份，然後拆掉導尺。可以看出止溝的初型已完成，只是止溝端仍呈圓角。

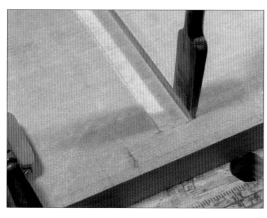

　　接著用鑿刀將圓角修成方角。修的時候，先鑿橫的部份，以切斷木纖維，再修直的端線部份。

　　兩個圓角都修成直角後，豎板的止溝就做好了。

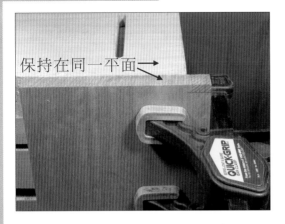

保持在同一平面→

銑削擱板的斜線部份，可以利用一個導尺固定座，將擱板夾緊在台邊，擱板端面必須與導尺固定座保持在同一平面。

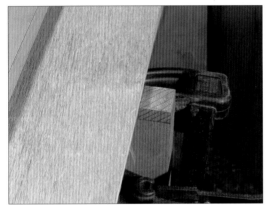

安裝一支 L型導尺（第三章的其他各款導尺亦可），再用木工雕刻機將斜線部份銑削掉。

拆掉導尺，則擱板部分也就完成了。

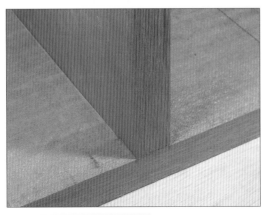

接合時，必須上膠固定。而豎板與擱板的接合處，榫結構部份已完全被隱藏起來。

5-4 鳩尾橫槽對接

鳩尾橫槽對接的特點是擱板的鳩尾榫有拉緊豎板的功能,不像前三節的對接榫,僅能依賴膠合的力量。因此,常被用在細木作的家具上。

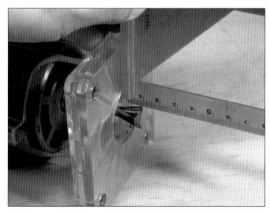

製作鳩尾榫必須用三角梭刀,而讀者往往不知道或忘記,買回來的三角梭刀的角度。為了量出三角梭刀的角度,可以先依鳩尾槽的預定深度,定出三角梭刀伸出修邊機底座的長度。

再取一塊小木片,一邊貼緊修邊機底座,另一邊頂住三角梭刀,然後用鉛筆沿著三角梭刀緣,描劃出三角梭刀的斜角線。

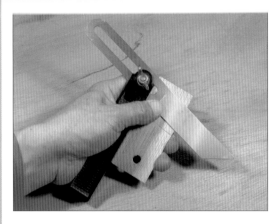

然後用自由角規，根據斜角線定出角度。

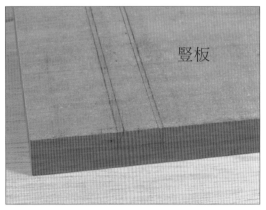

豎板

這樣就可以用自由角規，準確的畫出鳩尾槽的角度。

比預定槽深稍淺

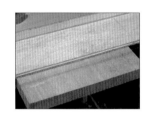

接著用直線導尺，稍內縮鳩尾槽的邊線，夾緊固定。用木工雕刻機，在鳩尾槽中間位置銑削出一道淺槽。等後面要銑削鳩尾槽時，操作三角梭刀才不會太吃力，讓銑刀快速鈍掉。

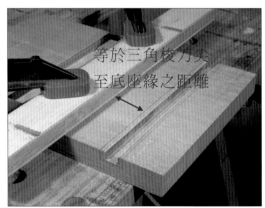

等於三角梭刀尖至底座緣之距離

用尺量出三角梭刀最尖處至修邊機底座緣的距離，再根據此距離，取一根直木，夾緊在豎板上，當作直線導尺。

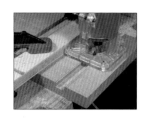

啟動修邊機，底座緣緊貼導尺，即可銑削出鳩尾槽。做好鳩尾槽，不要更動修邊機的三角梭刀長度。

將擱板豎起來，夾緊在工作台上，端面朝上。然後修邊機裝上直線導板，調整導板讓三角梭刀的斜邊剛好切過端面的直角，即可啟動修邊機銑削出一邊的鳩尾。再翻過面，一樣的方式，就可做出整個鳩尾榫。

擱板

豎板

製作鳩尾榫，需事先規劃要不要上膠。如果不上膠，要做得剛剛好，然後用槌子敲入就不會鬆動。若是要上膠，就須留下可以塗膠的寬裕度，否則塗了膠就太緊，反而組合不上。

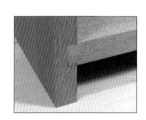

接合時，擱板的鳩尾榫，由豎板上橫槽的一端逐漸敲入，即可完成。

第 **6** 章
半搭接合

HALF-LAP JOINTS

6-1 斜角搭接

斜角搭接，英文叫做 Miter Half-Lap Joint。主要用在框架的接合，其半搭榫可以增加膠合面積，若配合背面的釘合，更可增加堅固性，同時維持美觀。

上板　下板

製作時，一般是將木料各分為二分之一，下板只切出斜接部分，自然出現凸榫部。上板除了要切掉底部，以容納下板的凸榫部，一樣也要切出斜接部分，才能構成完整的榫。

三夾板

撐木

開始製榫前，需把導尺固定座的撐木倒裝固定，這樣撐木上的三夾板，才能隔開工作物和導尺固定座，減少損壞導尺固定座的機率，以延長導尺固定座的使用壽命。

首先將下片木料夾緊在導尺固定座上，木料與導尺固定座維持在同一平面，並與導尺固定座左右各維持一道間隙。

接著裝上L型導尺，導尺上的指示線不要碰到導尺固定座緣。為了維持操作時的平衡與穩定，所以裝上另一支 L型導尺。

然後啟動木工雕刻機，將木料上的斜線部分都銑削掉。

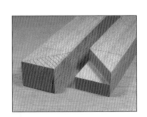

銑削好後，拆掉導尺，下片的搭接榫就做好了。

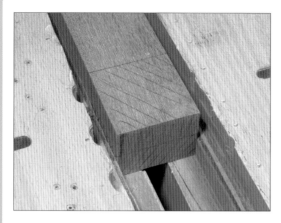

再把上片木料的底面朝上，固定在導尺固定座上。

依樣安裝 L型導尺，導尺的指示線同樣不可碰到導尺固定座緣。兩片導尺都用相同的方式安裝。

接著就用木工雕刻機，將斜線部分銑削到中間線。

再把上片木料翻回正面，一樣固定在導尺固定座上。

同樣 L型導尺對齊斜線，導尺上的指示線稍離開導尺固定緣。最好裝上另一支導尺，比較好維持機器操作時的平衡。

斜邊銑削掉，上片的榫結構部份也就完成了。

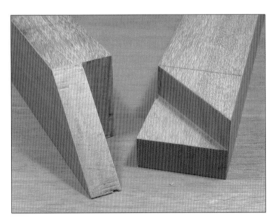

一般在接合時，都會上膠並用固定夾夾緊，等膠乾了之後，就固定住了。大部份的工作者會加釘合，以增強榫的堅固性。

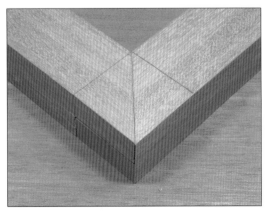

接合後的榫，一樣保持正面斜角接合的美觀，搭接部份都被隱藏到背後去了。

6-2 十字搭接

十字搭接又稱為十字根，（註一） 英文叫做Cross Lap Joint。通常使用在兩木交錯而須維持同一平面的情況，交錯的方式很多樣，也有不同角度的交錯角。還可依設計需求，作成三根棍子交錯的方式。（註二）

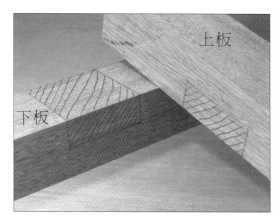

上板

下板

十字搭接是兩木交錯的搭接，所以每根木料需各銑削掉一半。若是三根棍子交錯的方式，則每根木料需各銑削掉三分之二。就製作難度而言，十字搭接算是一個很容易製作的榫。

首先將一根劃好線的木料，放在導尺固定座上夾緊，導尺固定座的支撐木要反裝，讓三夾板隔開木料與導尺固定座。

註一：見王世襄著，錦灰堆〔家具〕P240（未來書城）
註二：見張福昌主編，中國民俗家具P57（浙江攝影出版社）

接著安裝 L型導尺，導尺的指示線要稍離開導尺固定座緣。

另一支 L型導尺也按相同方法安裝好，即可用木工雕刻機將木料的斜線部份銑削掉。完成後，就換上另一支木料，照相同的方法銑削好。

銑削完成的木料，各二分之一的斜線部份已被去除乾淨。銑削過程會產生一些毛邊，可用砂紙或銼刀去掉。

組合時，只需用槌子將上板敲入下板就可以了。

6-3 鳩尾搭接

鳩尾搭接的英文叫做 Dovetailed Lap Joint ，是利用上板做出一個鳩尾狀的搭接榫，以拉住下板的木榫結構。若配合釘接或膠合的方式，就是一個很牢固的榫。

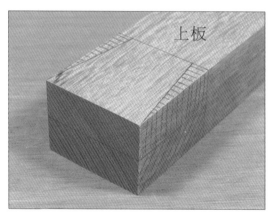

上板

製作鳩尾搭接，通常是先做上板的鳩尾狀搭接榫，然後再根據已完成的上板來做下板。

首先將上板翻過面，底面朝上固定在導尺固定座上。支撐木必須反裝，才不會讓上板木料接觸到導尺固定座。

　　接著安裝 L
型導尺，導尺指
示線要稍離開導
尺固定座。兩支
 L型導尺都裝妥
，即可用木工雕刻機將斜線部份銑削掉
。

　　清除掉斜線部份，即可拆掉 L型導
尺。

　　把上板翻回正面，夾在導尺固定座
的邊緣，讓搭接榫的部份，凸出導尺固
定座。然後用一支井字導尺，對齊搭接
榫的基線固定好。

　　再用另一支井字導尺，對齊搭接榫
的斜邊固定好，即可啟動木工雕刻機來
銑削。

圓角

相同的方法，銑削掉另一側的斜線部份，即可做出鳩尾狀的搭接榫，只是基線與斜邊仍呈圓角狀。

用鑿刀即可去除圓角部份。

再將上板放在下板上面，用鉛筆畫出下板的正確斜邊線。

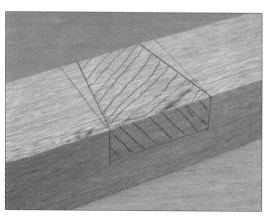

斜線部份就是要去除的部份，要劃得精確，不然將來做出來的榫結構會不夠牢固。

將下板固定在導尺固定座上，木料與導尺固定座必須保持間隙。

用兩支井字導尺對齊兩側斜線固定，再用另一支井字導尺，稍凸出導尺固定座緣夾緊，然後用木工雕刻機銑削掉斜線部份。

拆掉導尺，下板的榫就製做好了，去掉毛邊即可組合。

組合時，將上板的鳩尾榫置於下板的榫孔位置上方，用槌子垂直敲入即可。必要時，可塗膠固定或釘合。

第 **7** 章
三缺榫接合

BRIDLE JOINTS

7-1 轉角三缺榫

轉角三缺榫，英文叫做Corner BridleJoint。這個榫是兩木在轉角對接，各將木料三等分，做成裂口榫而接合起來的榫。這種接合方式，必須依賴膠的黏合力，若要增加堅固性，更需釘合才行。

裂口榫木　　　　　凸榫木

製作時，只要將凸榫木料的兩側削掉；再將裂口榫木去掉中間廢木，做成裂口榫，再接合起來就可以了。

首先將凸榫木料放在導尺固定座上夾緊固定，支撐木需反裝，才不會讓凸榫木料接觸到導尺固定座緣。

接著裝上 L型導尺，導尺指示線要稍離開導尺固定座緣。

另一支 L型導尺依相同方法，相反方向裝好，即可啓動木工雕刻機，將斜線部份銑削掉。一面做好之後，將木料翻過面，按相同方法將另一面也銑削好。

拆除導尺，即可看到凸榫木料端的凸榫已經製作完成。

裂口榫可以利用導尺固定座邊來製作，固定木料時，必須注意端面與導尺固定座，要保持在同一平面上；同時木料必須與導尺固定座面成垂直才行。

然後用 L型導尺（也可用直線導尺）沿線對齊固定，再用木工雕刻機將斜線部份銑削掉。

銑削好之後，拆掉導尺，裂口榫木的榫槽也完成了。

接合時，必須塗膠，再用固定夾夾緊固定，待膠乾了之後，才可拆掉固定夾。

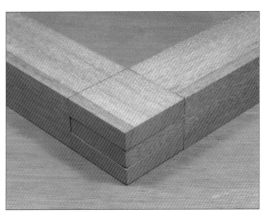

若要增加穩固強度，可以用木栓、螺釘或鐵釘等方式釘合，來加強榫結構。

7-2 斜切三缺榫

斜切三缺榫,英文叫做Corner Bridle-Joint With Miter Lap。這個榫是為了美觀,將轉角三缺榫的兩木料各切出一個 45°斜角,再接合成斜接狀。這種接合方式,嚴格說,堅固性不如轉角三缺榫,所以除了用膠接合外,最好再加釘合才能穩固。

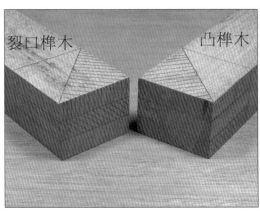

裂口榫木　　凸榫木

這個榫與轉角三缺榫的主要差別,在於裂口榫木料的面多切掉一個斜邊,而凸榫木料則多保留一個斜邊,讓兩者維持斜接的美觀。

首先將裂口榫木料垂直夾於導尺固定座的座緣,要確認好與導尺固定座的面成直角。

　　將 L 型導尺對齊中間裂口榫的兩側線固定好,即可啓動木工雕刻機銑削掉斜線部份。

　　銑削好,拆掉導尺,即可見到裂口榫已完成。

　　再把裂口榫木料橫置在導尺固定座上,支撐木一樣倒裝,讓木料兩側與導尺固定座維持一道空隙。

　　然後裝上 L 型導尺,導尺上的指示線要稍離開導尺固定座緣。為了維持機器操作時的平衡穩定,裝上另一支 L 型導尺,就可以啓動木工雕刻機,銑削掉斜線部份。

銑削掉斜邊，拆掉導尺，整個裂口榫就完全做好了。

接著把凸榫木料固定在導尺固定座上，一樣保持與導尺固定座緣各有一道空隙。

再沿斜邊裝上一支 L型導尺，導尺上的指示線要稍離開導尺

固定座緣。然後再裝上另一支 L型導尺，即可穩定的銑削掉斜線部份。

銑削好，拆掉導尺，則凸榫木料上的斜接部分就做出來了。

再將凸榫木料翻面，讓底面朝上，夾緊在導尺固定座上。

用一支 L型導尺對齊木料的底緣線固定，另一支以不碰到木料為原則，一樣固定好。兩支導尺的指示線都不可碰到導尺固定座緣，然後啓動木工雕刻機，將斜線部份銑削掉。

銑削好，整支凸榫木料的凸榫也完全做好了。

接合時，一樣必須塗膠固定，最好再加上釘合。由於木栓可以增加美觀效果，實務應用上，多從正面釘入。其他鐵釘、螺釘或釘槍釘，則由背面釘入。

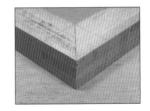

7-3 T字三缺榫

T字三缺榫，英文叫做 "T" Bridle Joint 。這個榫如果製作精確，可以接合得很穩固，所以可以在許多家具上看到，特別是櫥櫃的中間支撐部份。

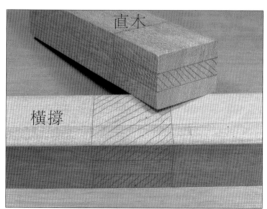

直木

橫撐

這個榫的製作過程很簡單，難在要做出精確的接合，因此劃線時要特別注意。

先將橫撐木料固定在導尺固定座上，兩側各要維持一道空隙。

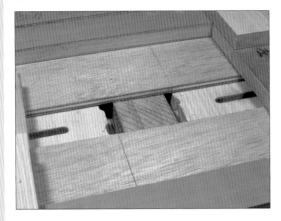

接著裝上 L型導尺，導尺緣各對齊兩側的線，導尺上的指示線要稍離開導尺固定座緣。然後啓動木工雕刻機，將斜線部份銑削掉。銑削好一面，就將木料翻面，依樣將另一面也銑削好。

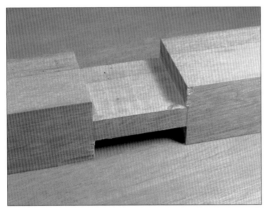

兩面都銑削好，橫撐的凸榫部份就完成了。

接著將直木垂直固定在導尺固定座緣。

再將兩支 L型導尺分別對齊斜線兩側然後固定，就可以啓動木工雕刻機，將斜線部份銑削掉。

銑削好，直木的裂口榫部份就完成了。

組合時，只要將橫撐的凸榫，對準直木的裂口榫敲入即可。

若要增加強固性，可以在接合時塗膠黏合或用釘合，或著兩者併用。

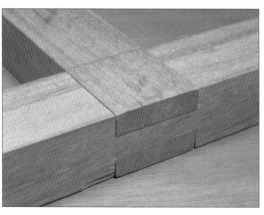

從外側面可以看到接合的外觀，如果用在櫥櫃的中間分隔，這個面就會被蓋住隱藏起來。

7-4 斜錐三缺榫

斜錐三缺榫英文叫做 Angle Bridle Joint。這是 "T" 字三缺榫的進階版。由於採用斜錐的方式接合，除了可以增加強度外，還可以讓兩木料自行夾合緊密。而斜錐的樣式有很多種，可以在許多家具上看到。

製作時，先定出直木上斜錐的角度，分別劃出直木與橫撐上的斜錐線。直木上的裂口榫底線要稍留長一點點，才可以在接合時，讓斜錐自行緊密夾緊。

首先將直木垂直夾緊在導尺固定座的座緣，直木的端面與導尺固定座面保持同一平面。

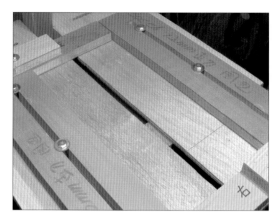

接著將 L型導尺沿著中間裂口榫的側線固定，然後啟動木工雕刻機，將斜線部份銑削掉。

銑削好，拆掉導尺，即可看到裂口榫已做出來了。

再將直木平置在導尺固定座上夾緊，斜邊部份要凸出導尺固定座。

用一支 L型導尺沿著斜邊線固定。由於木料與導尺都凸出於導尺固定座，所以一定要再確認都已夾緊固定，才可啟動木工雕刻機，銑削掉斜線部份。

銑削好一邊的斜錐，拆掉 L型導尺，不要移動直木。

相反方向，一樣對齊直木另一邊的斜邊線，安裝好 L型導尺。同時確認木料與導尺都夾緊固定，就可啟動木工雕刻機，銑削掉斜線部份。

銑削好另一側的斜錐，則整個直木的裂口榫就完成了。

接著將橫撐木料固定在導尺固定座上，木料與導尺固定座要保持空隙。

然後沿著左右兩條斜錐線，分別安裝 ㄴ型導尺，再啓動木工雕刻機，將斜線部份銑削掉。一面做好，就將木料翻過面，依樣把另一面也銑削好。

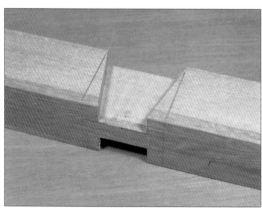

兩面都銑削好，則橫撐的凸榫部份就完成了。

接合時，只要將橫撐的凸榫對準直木的裂口榫，慢慢敲入，直至兩木料的斜錐緊密接合為止。至於是否上膠，可視情況與需求而定。

為了讓斜錐夾的更緊密，通常會將直木的裂口榫做的深一點，接合時才可以把橫撐夾的更緊。但是直木的榫端會因而凸出橫撐木料，此時可以用修邊刀將凸出的木料修平。

7-5 夾頭榫

夾頭榫，英文叫做 Elongated Bridle Joint。這是一個很特別的木榫，從腿足、牙頭及牙條的接合方式來看，是一個三缺榫。若看腿足與大邊的接合，卻是一種雙方榫。通常使用在明式家具的桌案類，是一個很強固的木榫。

為了拍攝示範的關係，本例的牙條與大邊木料，都被縮短簡略，與實際明式家具的桌案不太相稱，但是接合方式完全相同，讀者稍加靈活應用，是沒有問題的。

首先將腿足夾緊在導尺固定座上，由於只銑削木料的中間斜線部份，銑刀不會碰到導尺固定座緣，所以支撐木不必反裝。

　　將 L型導尺沿著裂口榫部的兩側鉛筆線安裝固定，其中一支的指示線要切齊裂口榫的底線，另一支的指示線則稍離開木料。然後啟動木工雕刻機，將裂口榫銑削出來。

　　銑削好了，拆掉導尺，一道很長的裂口榫就出現了。

　　接著將腿足木料翻邊，讓端部的方榫面朝上，再用導尺固定座夾緊。夾緊的時候，支撐木要反裝過來，才能維持腿足木料兩側的空隙。

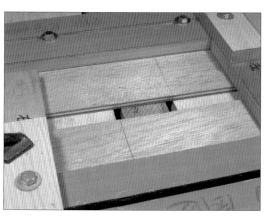

　　將一支 L型導尺對齊方榫的底線固定，導尺上的指示線要稍離開導尺固定座緣。另一支 L型導尺只要不碰到腿足木料即可，導尺上的指示線一樣要稍離開導尺固定座緣。固定好了之後，就用木工雕刻機，將斜線部份銑削掉。

銑削好了，拆掉導尺，端部的長方榫就完成了。

接著將腿足木料翻面，讓短方榫面朝上，夾緊在導尺固定座上。

用一支 L 型導尺對齊短方榫的第一道端線固定，導尺上的指示線要稍離開導尺固定座緣。這樣就可以將餘木銑削掉。

拆掉導尺，即可見到上下兩端已變成一長一短，接著就要製作短方榫。

將 L型導尺對齊短方榫的底線，導尺指示線要稍離開導尺固定座緣，夾緊固定。然後啓動木工雕刻機，將斜線部份銑削掉。

拆掉導尺，可以看到短方榫也做好了，整個夾頭榫的腿足部份就完成了。

圓角

由於使用木工雕刻機的緣故，裂口榫的底端呈圓角狀，初學者不太容易將其鑿成漂亮的方角，建議將牙頭的底部銼圓，比較好做。

真正做家具的時候，會有四片寬度都相同的牙頭木料，可以兩個一組的分次固定在導尺固定座上。而本範例只有一片牙頭木料，因此將牙條木料先保留與牙頭木料同寬，以便成組夾緊在導尺固定座上。

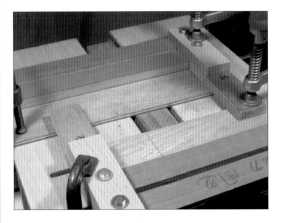

接著安裝 L型導尺，將牙頭上的斜線部份銑削掉。再將導尺移到牙條那邊，一樣將牙條上的斜邊銑削掉。同樣的方式，將牙頭與牙條的另一面斜線部份都銑削好。

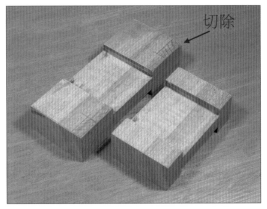

切除

銑削掉牙頭與牙條的斜線部份後，可以用圓鋸機將牙條的餘木切除。若不想切除，也可以製作出花樣。

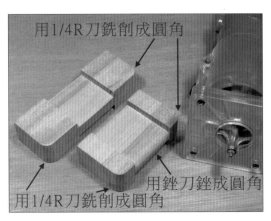

用1/4R刀銑削成圓角

用1/4R刀銑削成圓角

用銼刀銼成圓角

牙條鋸好後，用修邊機配上1/4R刀將牙頭與牙條的兩端都導成圓角。牙頭的底端，則用銼刀銼圓。圓角的檢查，可以用圓角檢查板。

接著把牙頭先輕輕的敲入腿足的裂口榫，不可太緊，否則會把腿足的裂口榫撐得太開，到時候裝不進大邊上的榫孔。也不可以太鬆，不然就喪失夾頭的功用了。

牙條在正式的製作時，是一個方形木框。因此裝上牙條時，四支腿足就能很平穩的立起來。

大邊上的雙方榫榫孔，是根據腿足部來做的。製作時，兩個榫孔間的距離，比腿足上的雙方榫間的距離，稍小一點點，可以讓牙條夾的更緊。但不可做得過度，否則會撐裂大邊木料。

大邊上的方榫孔很窄，所以改用修邊機配合直線導尺來做。一樣只要對齊榫孔的一邊，即可銑削。方榫孔的深度，配合腿足的方榫，做成一深一淺。

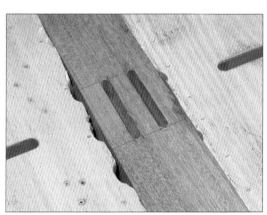

搪好的榫孔，由於深度並不很深，建議用鑿刀將圓角都修成方角。

　　大邊上的方榫孔都修成方角後，就可以進行組裝。

　　組裝時，先輕輕敲入長方榫，等短方榫也碰到大邊木料時，要對準無誤，才可全部敲入。

　　接合完成，整個榫會緊密連結在一起。若牙條會鬆動，不是牙頭太厚，就是大邊的榫孔距離太大。若是牙頭與牙條同時鬆動，可能是各組件製作得不夠精密，需逐步檢查找出原因。如果原來牙頭與牙條裝起來很緊，再裝上大邊反而變鬆，就是大邊上的方榫孔，位置不準造成的。組合好立起來，即如圖左下，成為一個很漂亮的木榫。

圓角檢查板的製作

首先取一塊廢木薄板,將 L 型導尺
置於其上,再固定好。

用木工雕刻機銑削掉右下角,成一
個缺口,用來檢查一般的圓角。

然後將 L 型導尺往上移,一樣固定
好。

再用木工雕刻機銑削出一條圓槽,
用來檢查與銑刀等寬的圓角。

銑削好之後,拆掉導尺。

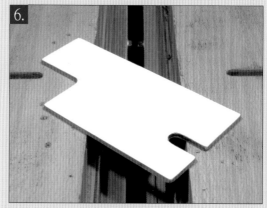

最後,用圓鋸機將板子鋸成小塊,
檢查板就完成了。

7-6 插肩榫

插肩榫，英文叫做Inserted Shoulder Joint，與夾頭榫的功用相同，都是桌案類家具使用的木榫。其透過腿足的長槽與牙條的斜槽互夾，構成緊密接合，同時又可保持表面的平齊，形成穩固的木榫。

製作插肩榫是在腿足上銑削出有斜邊的長槽，而在牙條上做出斜槽而組合在一起。透過腿足頂端的雙方榫，與桌面結合成一個非常穩固的木榫。

首先將腿足側放在導尺固定座上夾緊固定。

接著對齊長槽緣，安裝 L型導尺；然後用木工雕刻機將斜線部分銑削掉。

拆掉導尺，即可見到長槽已做好了。

再將腿足木料翻回正面，一樣用導尺固定座夾緊固定。

先沿著斜邊安裝一支 L型導尺，然後在木料的另一側，安裝另一支導尺，以維持木工雕刻機操作時的平衡與穩定。銑削時，只去除斜邊部分的廢木，不可銑削到端部的方榫邊緣。

先拆掉導尺，再重新對齊端部的方榫緣安裝，然後將方榫緣的廢木銑削掉。

拆掉導尺，一邊的斜邊就做好了。

同樣的方法，沿著另一斜邊安裝 L型導尺，然後將斜邊的廢木銑削掉。

接著重新安裝 L型導尺，將方榫緣的廢木銑削掉，則整個斜錐部份就做好了。

再將腿足木料翻到側面，用導尺固定座夾緊固定。

用複合導尺（ㄴ型導尺亦可）沿著端線固定，然後用木工雕刻機將斜線部分銑削掉。

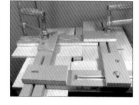

銑削好一邊，就按同樣的方法，翻到另一面，一樣將斜線部分銑削掉。

整個腿足的部分就做好了。一般明式家具的插肩榫，由於腿足都較薄，所以頂端的雙方榫都呈長方形。本範例使用的木料較厚，所以大的雙方榫幾乎呈正方形。

接著將牙條夾在導尺固定座上，兩側一樣要與導尺固定座緣留一道空隙。

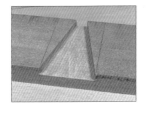

沿著左側斜邊安裝一支 L 型導尺（見圖左），再沿著右側斜邊安裝另一支 L 型導尺（見圖右），然後用木工雕刻機將斜線部分銑削掉。

銑削好的斜槽，底端仍呈方角（見圖右），為了配合腿足，就用銼刀將底端銼圓（見圖左）。

修整好牙條，就可以將牙條裝入腿足的長槽，試看看是否密合。

再將桌面木料用導尺固定座夾好（見圖右），然後安裝 L型導尺，即可用木工雕刻機將大的方榫孔搪出來。

雙方榫的小方榫孔，可以用較小尺寸的銑刀來搪孔。搪好的榫孔，四角都是呈圓角，由於榫孔並不深，可以很容易用鑿刀修成方角。

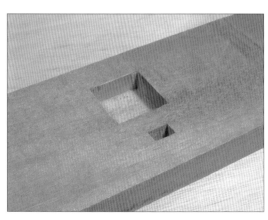

修好方角，就用腿足來對比一下，位置若無誤就可以組裝，否則就需先修整。

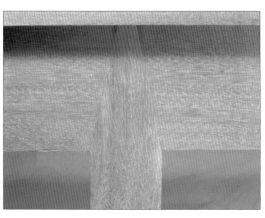

組裝時，先將桌面板放在下面，榫孔朝上，再將腿足及牙條由上敲入（見圖右），待雙方榫都完全敲入密合，再倒過來，即可看到組裝完成的插肩榫（見圖左）。

第 **8** 章
方榫接合

MORTISE & TENON JOINTS

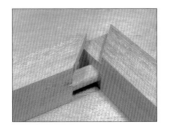  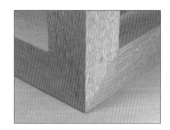

 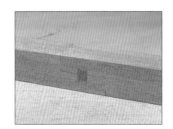

8-1 止方榫（雙平肩悶榫、閉口榫）

止方榫又稱為雙平肩悶榫或閉口榫，英文叫 Stopped Mortise & Tenon Joint，是一款很常見而且使用廣泛的木榫。 由於木工雕刻機搪出的榫孔都是圓角，而榫頭做出來的都是方角。所以實務上，有用鑿刀將榫孔的圓角鑿成方角來就榫頭；或將榫頭的方角用銼刀挫圓來就榫孔。考慮到剛學習作榫的讀者，可能還不太擅長操控鑿刀，所以本章各節就以示範圓角的榫頭為主。

初學作榫的人，精確度的控制較不易，若先做榫的一端，再根據做好的大小，做另一端來配合，會容易一些。至於先做榫頭還是榫孔，可隨個人的習慣。本範例是先做榫孔，榫孔的寬度，一般大約是木料寬度的1/3，某些特殊情況或設計，比例會變動。左圖左邊木料上的斜線部份，就是榫孔位置。

榫孔位置

將劃好的木料用固定夾，夾定在導尺固定座（如左下圖）。要注意木料不可以凸出導尺固定座面，否則無法固定導尺。最好是與導尺固定底座保持同一平面，才能維持鉋花直刀的最大搪孔深度。

保持同一平面

接著先在一邊安
裝上 L型導尺。導尺
必須用兩支固定夾固
定，不可以只用一支

固定，否則操作過程會滑動。也可
用有螺栓槽的導尺，直接用螺栓固
定在導尺固定座上。

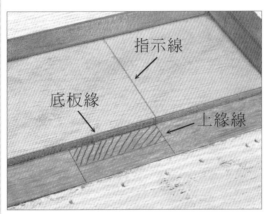

安裝的時候，L型導尺的底板
緣要切齊榫孔左緣線，底板上的指
示線要與上緣線切齊。

再用同樣的方法，相反方向，
安裝好另一邊的 L型導尺。固定導
尺除了用各種固定夾外，也可以利
用導尺固定座上的長條孔，配合木
塊、木條及螺栓來固定。

固定好兩支 L型
導尺後，在導尺的方
格內，啓動木工雕刻
機，逐次沿緣迴轉搪

孔，至所需的榫孔深度為止。

　　搪到榫孔的預定深度，即可拆除導尺，榫孔就製作完成了。

　　接著將榫頭木料放在榫孔上，上下兩塊木料的兩側邊緣要對齊，然後根據榫孔的位置，做出相對記號，這樣就可以很容易畫出榫頭的尺寸。

　　左圖榫頭木料上的鉛筆斜線，就是我們必須將它去掉的部份。

支撐木

　　固定榫頭木料之前，我們必需先將導尺固定座的支撐木上下倒轉來用，這樣夾定木料時，才會有空隙，進行銑削時木工銑刀不會直接接觸導尺固定座，才能盡量延長導尺固定座的使用壽命。

空隙　　　　　　　空隙

先將榫頭木料劃斜線的一面朝上，然後夾緊固定。榫頭木料一樣與導尺固定座保持在同一平面，反裝的支撐木可以讓榫頭木料左右各有一道空隙。

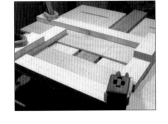

指示線稍離開導尺固定座的座緣

接著將兩支 L型導尺安裝上，導尺上的指示線需稍離開倒尺固定座的座緣，才能保護導尺固定座不被木工銑刀傷到。架好導尺之後，就可逐次銑削，至完全去掉斜線部份為止。做好一面，就翻過面，依樣再銑削。

銑削好的榫頭，如左圖所示，是一個方形的榫頭，而右側的榫孔兩端卻都是半圓形的。要修改方角榫頭成圓角榫頭，還是修改半圓榫孔成方角榫孔，可依個人的需求與喜好來決定。我們在這裡示範圓角榫頭的做法，理由如前所述。

首先需把榫頭木料用兩支固定夾夾好，榫頭部份稍凸出台緣。旁邊的白色板是圓角檢查板。

接著用銼刀將方角銼圓。銼的時候，靠近榫肩時，必須以沒有齒的銼刀緣向著榫肩，才不會傷到榫肩。

圓角銼好後，可以用圓角檢查板來測試，若沒有大空隙，就表示圓角沒問題，否則就必須再修整。如此程序，逐步將四個方角都修成圓角。

左圖即已修成圓角的榫頭。

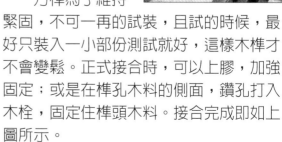

方榫為了維持緊固，不可一再的試裝，且試的時候，最好只裝入一小部份測試就好，這樣木榫才不會變鬆。正式接合時，可以上膠，加強固定；或是在榫孔木料的側面，鑽孔打入木栓，固定住榫頭木料。接合完成即如上圖所示。

8-2 止單添榫 （長短悶榫）

止單添榫又稱為長短悶榫，英文叫做 Haunched Mortise & Tenon Joint。 常用在桌腳和框架的四角接合。其多出來的裂口榫部份，可以增加榫頭的強度，又不致於影響榫孔的穩定，是一個很常用的方榫。

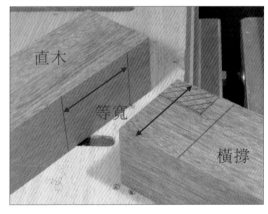

用木工雕刻機來做止單添榫，與用其他機器有點不同。首先劃出橫撐上的長短榫，然後在距直木頂端約 2cm處，劃出與橫撐等寬的兩條線。

接著在直木上，再劃出與長榫等寬的第三條線。

然後在直木的上端線約一公分處，畫上第四道線。這道線的目的是延伸短榫孔的長度，到時候切除廢木，榫孔上端就成直角。

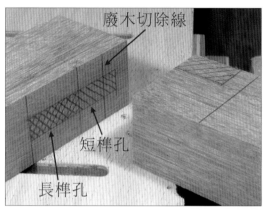

廢木切除線

短榫孔

長榫孔

接著就畫出榫孔的兩側邊線，圖左可以看到 ： 雙斜線組成的菱形紋是長榫孔的位置，而中間單斜線部分是短榫孔的位置，最右邊的部分是要切除的廢木 。

先將直木固定在導尺固定座上，並保持與導尺固定座同一平面。

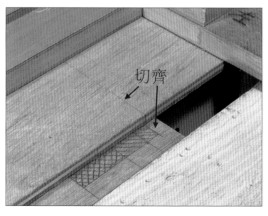

切齊

用一支 L 型導尺對齊榫孔左緣，導尺上的指示線與榫孔的最上緣的線切齊，然後固定好。

再用另一支 L型導尺相反方向
對齊榫孔的右緣線，導尺上的指示
線則切齊榫孔的下緣線，然後固定
好。即可啓動木工雕刻機，將榫孔
銑削到短榫孔的深度。

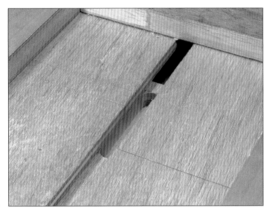

鬆開左邊的 L型導尺，將導尺
下移，指示線切齊長榫孔的上緣線
，重新固定好。

啓動木工雕刻機，將榫孔銑削
到長榫孔的深度。

拆掉導尺，可以看到深淺不同
的榫孔，已經做好了。

接著將橫撐木料固定在導尺固定座上，並裝上 L型導尺，一支對齊榫頭的底端線，一支稍離開木料。兩支導尺的指示線都稍離開導尺固定座緣，就可以啟動木工雕刻機，銑削出一面的榫肩。

再將橫撐木料翻到另一面，按同樣的方式安裝導尺，銑削出另一面的榫肩。

兩邊的榫肩都做好，方榫的樣子就出現了，接下來要做出長短榫。

將橫撐木料的短榫面朝上，用導尺固定座夾緊固定。

用一支 L 型導尺對齊斜線底端固定好，啓動木工雕刻機將斜線部分銑削掉。

整支長短榫的榫頭完全做出來了，但全呈方角狀態，必須用銼刀將長方榫的四個方角銼圓。

銼長方榫時可以用圓角檢查板檢查，沒有問題就可以組裝。

如果是框架，需四個榫都做好再試裝比較好。

　　組裝時，要注意緊密度。太緊時，一定要將榫頭削薄一點，不然會將榫孔撐裂。

　　榫頭完全敲入榫孔後，即可看到將短榫孔加長的用途了。

　　通常做框架時，需把廢木切掉。若是做桌腳，則可將廢木做成方榫，與桌面接合。要切除廢木，用圓鋸機最方便，當然也可以用木工雕刻機，只是速度較慢而已。

　　切除掉廢木，直木端就與橫撐木端平齊，結合成一組止單添榫。

8-3 夾角穿榫

夾角穿榫,英文叫做 Through Mortise & Tenon Joint With Miter Angle。 這個榫非常強固,只要接合在一起,即使不用膠也不會鬆脫。與格角榫很類似,會做這個榫,格角榫就難不倒了。在某些情況,會取代格角榫,用在「攢邊打槽裝板」的接合。

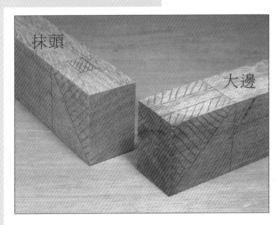

我們沿用明式家具的稱法,榫頭部份的木料叫「大邊」,榫孔部分的木料叫「抹頭」。

先將抹頭夾在導尺固定座上,榫孔要凸出支撐木。待會兒搪榫孔時,才不會傷到支撐木。

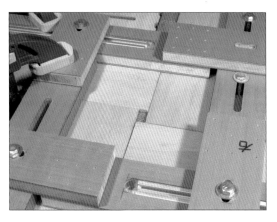

　　由於木料凸出於導尺固定座，改用複合導尺比較容易維持機器的穩定。固定好導尺，即可用木工雕刻機將榫孔搪出來。

　　搪榫孔時，要避免底面的木料纖維因銑刀的高速轉動而破裂，可以銑削到只剩0.5mm就停止，然後將木料翻過面，用鑿刀戳破再修平整就可以。

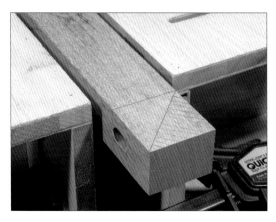

　　搪好榫孔，就將木料翻到側面，斜邊朝上，固定在導尺固定座上，斜線部分要凸出導尺固定座。

　　用複合導尺，一支對齊斜邊的緣線，其他三支不要碰到木料，然後固定好。就可以啓動木工雕刻機，將斜線部分銑削掉。

拆掉導尺，抹頭部份就做出來了。

由於夾角穿榫的方榫很長，初學者做成圓角方榫，會比較容易。當然，讀者也可以挑戰自己的鑿刀技術，做成原味的方角方榫接合。

接著一樣把大邊木料夾緊在導尺固定座緣，斜線部分凸出於導尺固定座。

將一支的複合導尺對齊斜邊，其他三支不要碰到木料，然後夾緊固定。再用木工雕刻機，將大邊木料銑削掉三分之一厚度。銑削好一面，就將木料翻過面，同樣方式銑削另一面。

擬去除部份

兩面的斜邊都銑削好，就要開始做方榫。為了讓讀者看清楚，我們將木料從導尺固定座上拿下來說明。實務上，則是接著下一個動作連續做。

要去掉夾角的廢木，可以用三支井字導尺，或是一支複合導尺加一支井字導尺來做。銑削時，要小心操作木工雕刻機，不可壓得太用力。

圓角

拆掉導尺，大邊上的方榫就出現了，只是夾角仍呈圓角狀。所以必須用鑿刀將圓角鑿掉，才能組合。

修好大邊上的夾角後，還必須把方榫的方角用銼刀銼成圓角，來配合榫孔。

銼成圓角的方榫，一樣用圓角檢查板檢查，若沒有問題就可以開始組合。

組合時，若將來有可能要拆卸開，就不要塗膠。不然榫的強度再加上膠，可能就永遠分不開了。

由於方榫很長，所以要慢慢敲進榫孔，不可急躁。若太緊，要先退出來，將方榫修細一點，再重新組裝。

組合完成，即可見到大邊的方榫穿到抹頭這一面，而兩木呈斜邊接合，非常美觀。

8-4 翹皮夾角穿榫

翹皮夾角穿榫英文叫做 Through Mortise & Tenon Joint With Miter Corner-Lap。這是一個貫穿方榫加上斜邊搭接的榫,所以學會這個榫,等於也一併會做貫穿方榫。

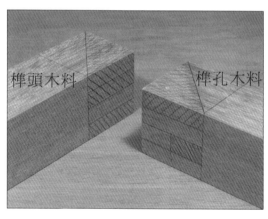

製作翹皮夾角穿榫,一般按木料厚度等分為四份。所以木料若太細,最好仍採用前節的夾角穿榫。

首先將榫孔木料夾在導尺固定座上,榫孔位置稍離開支撐木。

　　沿著榫孔裝上 L型導尺（見圖右），然後啟動木工雕刻機，將榫孔銑削出來（見圖左）。

　　再將榫孔木料側翻，斜邊朝上，一樣裝上 L型導尺。銑削斜邊時，要小心操作，木工雕刻機不要壓太用力。

　　拆掉導尺，可以看到斜邊已做出來了。

　　整支榫孔木料已經完成，榫孔部分仍維持圓角。

　　要清除榫頭與斜邊中間的廢木，必須把榫頭木料垂直夾在導尺固定座上，才能完全清除乾淨。

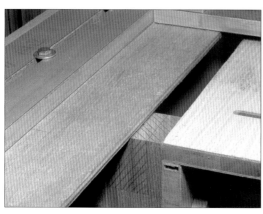

　　夾好榫頭木料，可以用兩支 L型導尺（其他導尺亦可），對齊兩側線夾緊固定，然後用木工雕刻機，將廢木銑削掉。

　　銑削好，榫頭木料已出現一道槽，底部是很整齊的直角。

　　接著將榫頭木料橫放夾緊（見圖左），再裝上複合導尺（ L型導尺亦可），然後啟動木

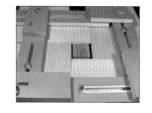

工雕刻機，將斜線部分銑削掉。

銑削出榫肩（見圖左），榫頭木料呈現類似雙方榫形態（見圖右）。

再將榫頭木料翻過面，斜邊朝上，裝上複合導尺（ㄴ型導尺亦可），然後用木工雕刻機，將斜線部分銑削掉。

銑削掉斜邊部分，就剩下方榫還沒做出來。

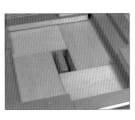

將榫頭木料側翻，讓方榫邊的廢木朝上夾緊固定（見圖左），再裝上複合導尺或ㄴ型導尺（見圖右），然後將廢木部分，用木工雕刻機清除。

　　去除掉廢木（見圖左），榫頭就做好了，而方榫的方角必須用銼刀銼圓，才能與圓角的榫孔配合（見圖右）。

　　榫頭木料的方榫修成圓角後，就可以組裝。

　　這個榫的榫頭一樣很長，所以即使不用膠，仍然結合得很堅固。若不再拆卸，可以上膠再接合，只是也可能永遠拆不下來。

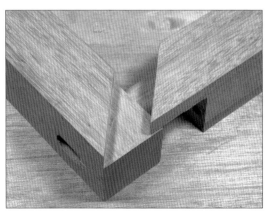

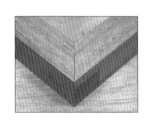

　　接合後，榫孔木料側面可以看到出頭的方榫；榫頭木料側面則可以看到搭接的榫孔木料端面；兩木的面則呈現漂亮的斜接。

8-5 格肩榫

格肩榫，英文叫做 Stopped Mortise & Tenon Joint With "V" Lap。這是一個為了美化方榫接合而演化出來的榫，但若製作精密，則 V字搭接部分，可以產生類似雙方榫的夾緊效果，比一般的方榫有更強的穩固力。

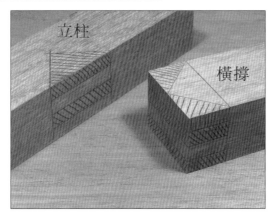

本範例先做橫撐，讀者也可以按個人的習慣，改從立柱先做，只是步驟先後對調而已。

製作橫撐時，先將木料夾緊在導尺固定座上，支撐木要反裝，讓木料與導尺固定座間有空隙。

接著安裝導尺（第三章的任一種都可以），然後用木工雕刻機，將斜線部分銑削掉。再重新安裝導尺，將另一邊的斜邊也銑削好。

拆掉導尺，可以看到斜錐狀的格肩已出現了。

將木料翻過面，底面朝上，夾緊在導尺固定座上。然後裝上 L 型導尺，將斜線部分銑削掉。

拆掉導尺，可以看到方榫的一個榫肩已經做出來了。

再將橫撐木料垂直夾緊在導尺固定座邊，然後裝上 L 型導尺，將格肩與方榫間的廢木銑削掉。

拆掉導尺，可以看到廢木已被清除乾淨。

將橫撐木料從導尺固定座上拆下來，可以看到整支格肩榫的榫頭部份已經大致完成，只剩下方榫的方角要銼圓而已。

接著將立柱夾緊在導尺固定座上，兩側一樣保留空隙。

用複合導尺
對齊斜邊固定（
見圖右），然後
用木工雕刻機，
將斜線部分銑削掉（見圖左）。

圓角

為了維持斜錐的美觀，必須將斜錐的圓角修成方角。

修方角一樣用鑿刀，沿著斜邊線，輕輕一點一點鑿掉廢木即可。

修好後，漂亮的 V字搭接就出現了。

再將立柱木料翻面，方榫孔面朝上，用導尺固定座夾緊（見圖左）。裝上複合導尺或 L型導尺，將斜線部分銑削掉（見圖右）。

拆掉導尺，呈圓角狀的方榫孔已經做好了。

本範例，我們仍是將橫撐上的方榫修成圓角，來就立柱上的圓角榫孔。

接合時，只要將橫撐木料敲入立柱就好了。是否要上膠，應按個案的狀況來決定。

8-6 粽角榫

粽角榫，英文叫做 Mortise and Tenon Joint with Mitered Corner – Lap Joint。這個榫是大邊與抹頭接合的夾角穿榫，再崁上雙方榫的立柱。為了使立柱與大邊、抹頭雙雙維持在同一平面，所以加上翹皮斜接，成為四面平的家具（註）。

抹頭　　立柱　　大邊

為了方便說明，將構成夾角穿榫的榫頭木料稱為「大邊」，榫孔木料稱為「抹頭」，而雙方榫插入大邊、抹頭的直立木料則稱為「立柱」。

銑削掉此處廢木

首先將立柱垂直夾緊在導尺固定座上，裝好 L 型導尺，用木工雕刻機銑削掉圖左箭頭說明的廢木。

註：見王世襄著，錦灰堆〔家具〕P254（未來書城）

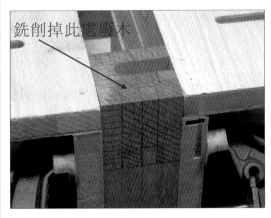

銑削掉此處廢木

把立柱轉90°，一樣夾緊在導尺固定座上，裝好 L 型導尺，再用木工雕刻機銑削掉圖左箭頭說明的廢木。

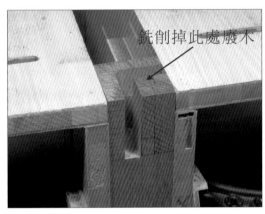

銑削掉此處廢木

立柱不動，移動 L 型導尺，重新固定，一樣用木工雕刻機銑削掉圖左箭頭說明的廢木。

銑削掉此處廢木

接著要銑削掉圖左箭頭說明的廢木，但為了不傷及導尺固定座，先把立柱轉90°，再在立柱與導尺固定座間，加墊一片三夾板，然後夾緊固定（見圖右）。

夾好立柱，裝上 L 型導尺，即可用木工雕刻機銑削掉圖左上箭頭說明的廢木。清除掉廢木，接著就要做出長短方榫。

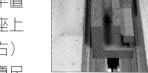

　　將立柱平置在導尺固定座上夾緊（見圖右），裝上 L型導尺，銑削掉長方榫上端的廢木（見圖左）。

　　再將立柱側翻，短方榫面朝上，用導尺固定座夾緊（見圖右）。裝上 L型導尺，銑削掉短方榫上端的廢木（見圖左）。

　　再側翻面，讓一面的翹皮斜邊朝上，用導尺固定座夾緊（見圖右），然後裝上 L型導尺，將斜線部份銑削掉（見圖左）。

　　翻到另一面翹皮斜邊，一樣用導尺固定座夾緊（見圖右），再裝上 L型導尺，將斜線部份銑削掉（見圖左）。

呈圓角狀

銑削完成後，可以看到兩面斜邊夾的角是圓角，用鑿刀修整，即可成為圓角。長短方榫間連結的薄片木料，一樣用鑿刀修掉。

修鑿成方角

修好後，立柱就完成了。

接著做「大邊」。將大邊木料放在導尺固定座上，長方榫孔朝上夾緊（見圖左），再裝上 L型導尺（見圖上），將斜線部份銑削掉。

銑削好長方榫孔這一邊的斜邊，接著就要做另一邊的斜邊。

將大邊木料翻過面，用導尺固定座夾緊（見圖左），再裝上 L型導尺（見圖上），用木工雕刻機將廢木銑削掉。

劃出鉛筆線

為了方便做出方榫，先拆掉右邊的 L型導尺，然後在大邊木料上，重新劃出已被銑削掉的鉛筆線。

將右邊的 L型導尺對齊劃好的邊線，並讓導尺尾端與左邊的 L型導尺接觸，然後用固定夾夾緊，即可啓動木工雕刻機，銑削掉廢木。

拆掉導尺，則大邊的方榫初胚已經出現。

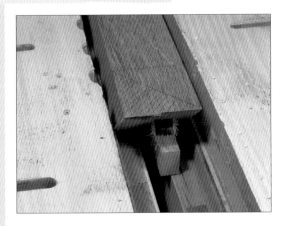

將木料側翻到翹皮斜邊面，用導尺固定座夾緊（見圖左），然後裝上 L 型導尺（見圖上），將斜線部份銑削掉。

拆掉導尺，即可見到翹皮斜面已做出來了。

再將木料翻面，讓方榫孔朝上，一樣裝上導尺，用木工雕刻機將榫孔搪出來。

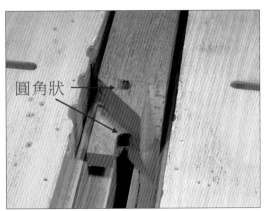

圓角狀

搪好的榫孔及方榫與斜邊的夾角，均呈圓角狀。

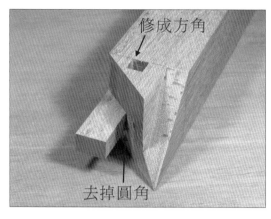

用鑿刀將榫孔的四個圓角，分別修成方角。然後將長方榫與斜邊的圓夾角，也修成正確的夾角，這樣整支「大邊」就完成了。

製作「抹頭」，一樣是把木料夾定在導尺固定座上，斜線部份必須凸出於導尺固定座邊（見圖左）。然後安裝導尺，銑削掉斜線部份（見圖右上）。

抹頭木料銑削掉斜線部份，端面即呈45°斜面狀。

將木料翻到翹皮斜邊面，固定在導尺固定座上（見圖左）。裝上 L型導尺（見圖右），將廢木銑削掉。

銑削好翹皮斜邊，拆掉導尺，但不要移動木料。

重新在長方榫孔緣裝上 L 型導尺（見圖右），然後將方榫孔搪出來（見圖左）。

拆掉導尺，將木料翻到短方榫孔那一面，並夾緊固定。

由於這個榫孔較小，所以改用9mm銑刀的 L 型導尺（見圖左），搪出榫孔（見圖右）。

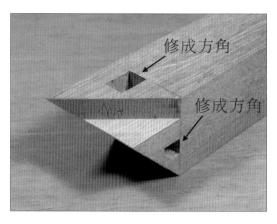

將大小兩個方榫孔的圓角,用鑿刀全部修成方角,「抹頭」就做好了。

從完成的各組件來看,「抹頭」因有「大邊」的長方榫通過,所以只容納立柱的短方榫,而「大邊」是完整實木,所以可以做出容納立柱的長方榫的榫孔。

接合時,先將「大邊」與「抹頭」組合起來。

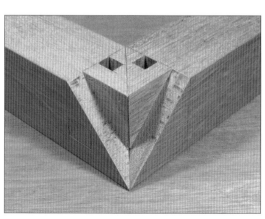

組合好,可以看到上端有兩個小方榫孔,兩側面各有斜邊翹皮。

接著組合立柱，先對準大邊抹邊翹皮頭的斜。

再敲入長方榫，然後敲入短方榫。敲入過程，若覺得榫頭太大或位置不夠正確，一定要修整，不可硬敲。

為了讓讀者看得更清楚，我們從不同的角度來觀察組合的情形（見左側各圖），及最後組合好的粽角榫（見下圖）。

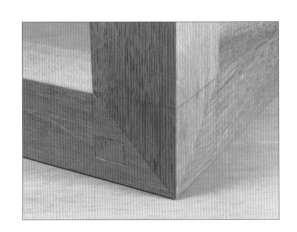

8-7 掛榫

掛榫（註一）英文叫做 Leg And Apron Joint with Top Board。這是一種腳擋與面結構的榫（註二），也是一種四面平結構的榫（註三），但與粽角榫不太一樣。主要區別在於其是由腿足與牙條自行組合成一個榫，而利用腿足上端的長短方榫與面板相結合。

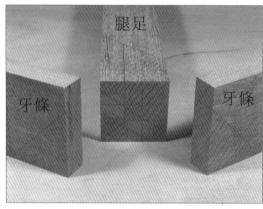

腿足

牙條　　　牙條

這個榫是由兩片牙條加上一支腿足構成，腿足兩側的掛銷是相互對稱，除了方向位置不同外，連同牙條的製作方法，都完全一樣。所以我們只示範一面，另一面就由讀者自己做。

首先將腿足木料夾在導尺固定座上，木料兩側與導尺固定座緣保留各一道空隙。

註一：楊耀著，明式家具研究（第二版），P40（中國建築工業出版社　　**註二：**康海飛主編，明式家具圖集，P318（中國建築工業出版社）　　**註三：**王世襄著，錦灰堆〔家具〕，P251（來書城）

　　用複合導尺沿著雙方榫的端線固定好，然後用木工雕刻機，將斜線部分銑削掉。銑削好一面，就將腿足木料翻到另一側，用相同的方式，將斜線部分銑削掉。

　　銑削出端部的雙方榫位置，接著就要製作掛銷。

　　將複合導尺上的螺栓拆掉，用一支對齊腿足的斜邊線，另一支對齊掛銷線，再固定好。然後用木工雕刻機，將斜邊的廢木銑削掉。

　　拆掉導尺，可以看到一面的斜邊已出現，但夾角仍是圓角。

移動複合導尺，沿著另一邊的掛銷線固定好。另一支也裝上，用來輔助機器的平衡與操作穩定。安裝好導尺，就可以啟動木工雕刻機，將斜線部分銑銷掉。

拆掉導尺，整個斜邊的初胚已大致完成。

將腿足木料翻到另一側，依照相同的方法，將另一側的斜邊也做出來。

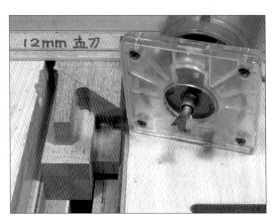

由於掛銷很小，所以改用修邊機，裝上樣規導板及三角梭刀，沿著掛銷兩側，銑削出鳩尾狀的斜牆。

銑削好的掛銷初胚，上半部仍呈直的，下半部兩側則已成鳩尾狀。

接著用一支複合導尺（其他款導尺亦可），沿著斜邊安裝好（見圖左），然後再安裝另一支導尺輔助平衡與穩定，即可用木工雕刻機，將掛銷上半部直的部分銑削掉。

拆掉導尺，整個掛銷就銑削好了。再將腿足木料翻到另一側，同樣做出掛銷。

接著將腿足木料直立夾在導尺固定座緣，兩側一樣要保留空隙。

　　用複合導尺，沿著端部的雙方榫緣安裝，分別將端部的廢木，用木工雕刻機銑削掉。

　　拆掉導尺，腿足的榫初胚已出現，只是都是圓角狀。端部的雙方榫，還有廢木連在一起。所以用鑿刀，逐步將這些廢木清除。

　　去掉了所有廢木，再用木工雕刻機，做出端部的短方榫，這樣整支腿足部就做好了。

　　接著將牙條固定在導尺固定座上，斜邊要凸出導尺固定座。

　　用 L型導尺沿著斜邊線固定,然後啓動木工雕刻機,將斜邊的廢木銑削掉。

　　拆掉導尺,可以看到斜邊已經做出來了。

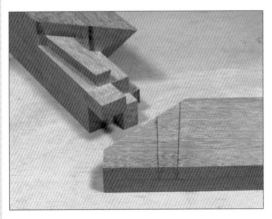

　　將牙條從導尺固定座上取下來,翻到內側面,按腿足上的掛銷畫出掛銷槽。

　　先用鉋花直刀,將掛銷槽中間的廢木清除一部份。

導尺木

拿掉修邊機基座上的樣規導板，重新裝上三角梭刀，然後歸零。將三角梭刀的刀尖對齊掛銷槽的邊線，然後沿著基座緣裝上導尺木。為了便利裝導尺木，可以先用快速夾暫時將修邊機夾住，避免修邊機掉下來。

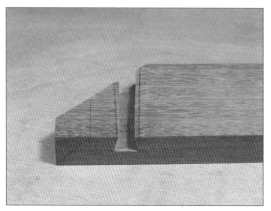

導尺木安裝好，依照掛銷槽的深度調整修邊機的銑刀，即可啓動修邊機，沿著導尺木銑削出一側的掛銷槽。按同樣的方法，重新安裝導尺，銑削出另一側的掛銷槽。

接著將牙條豎起來，夾在導尺固定座緣。

沿著牙條上的斜線，裝上複合導尺，然後用木工雕刻機，將斜線部份銑削掉。

拆掉導尺，整個牙條的榫就做好了，另一支也按相同的程序來做。

將牙條的掛銷槽，先套入腿足上的掛銷。由於掛銷是上小下大，所以很容易套入，然後用橡皮槌將牙條敲到定位。

從另一側，我們可以看到掛榫的接合細節。

將另一支牙條也裝上去，整個掛榫就完成了。

8-8 楔釘榫

楔釘榫，英文叫做Peg Tenon Joint，是明式家具的圈椅等用來連結弧形木料的木榫。但是在木構建築上，也可以用來連接方材，以加長木料的長度。木工雕刻機受限於銑刀的長度，只能用於小材的連結。我們就以方材來示範，如何做出穩固的楔釘榫。

製作楔釘榫的木料，上下尺寸都是相同的，做的榫也一樣，只要將其中一片翻過面，就可以接合成一個榫。因此，我們只示範做一邊，另一邊由讀者自行比照著做。

首先將下板固定在導尺固定座上，兩側都要留出空隙。

沿著榫的端線裝上複合導尺，然後用木工雕刻機，將斜線部份銑削掉。銑削好下板，就依樣將上板也銑削好。

將上下兩塊板疊在一起試試看，是否能剛好接成一塊，若不合就需再修整。沒有問題，就劃出端部的方榫位置。

將木料豎起來，垂直夾在導尺固定座緣。

然後裝上複合導尺。記得是要做出凹榫槽，所以是將導尺設定在凹陷處，再用鉋花直刀伸到底部去銑削出榫孔。

銑削好的榫孔呈圓角狀，由於榫孔
很淺，所以很容易用鑿刀修成方角。

修好榫孔的方角，接著就要做出榫
頭部份。

將木料側翻，然後夾緊在導尺固定
座上。

裝上 L 型導尺，然後用木工雕刻機
，將斜線部份銑削掉。銑削好一面，就
依同樣的方式，把另兩面也銑削好。做
好一個榫頭，按相同的程序，將另一支
也做好。

　　兩支榫頭都做好，可以試著合合看。若不能密合，就必須再修整，直到密合為止。

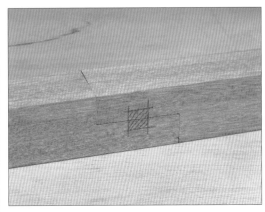

　　將兩片木料接合在一起，然後劃出兩側的楔釘孔位置。楔釘孔必須一端大一端小，但斜度不可太大，否則久了楔釘會被反推出來。

　　再將兩片木料拆開，劃好楔釘槽，然後固定在導尺固定座上。

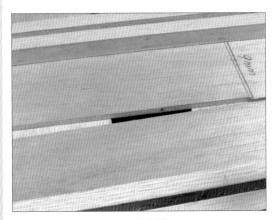

　　沿著楔釘槽裝上 L 型導尺，由於導尺與木料有一段距離，安裝時要用角尺或其他量具對齊後，才可以用木工雕刻機銑削出楔釘槽。

　　做好一個楔釘槽，就換上另一片木料，用相同的方法，做出另一片的楔釘槽。楔釘可以用帶鋸機或手鋸鋸好。

　　組合時，先將兩片木料相對，然後連結在一起。

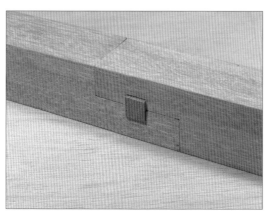

　　再將楔釘敲入楔釘孔。

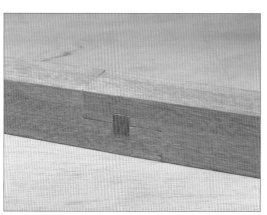

　　最後將多餘的木楔釘，用修邊刀清除掉，整個楔釘榫就做好了。

第 **9** 章
指接榫接合

FINGER JOINTS

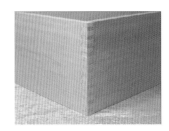

9-1 指接榫

指接榫，英文叫做Finger Joint，常在箱盒的結構上看到。由於有許多榫槽，可以增加膠合的面積，因而能增加堅固性。而對稱的外觀很討人喜歡，所以經常被採用。

一般箱盒的板，寬度都不是很寬，厚度也不是很厚，所以用修邊機銑削台來做就可以了。若是板很寬或很厚，則改用木工雕刻機銑削台較妥。使用修邊機銑削台的好處是台面較小，可以用整板的壓克力板當台面，不會有台面接縫不平的問題。

銑削台推板可以靠在壓克力板兩側，各釘一片木板，充當滑軌（見圖右）。接著用固定夾夾一片長板（見圖左），準備來製作指接榫的專用推板。

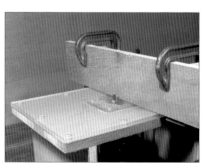

首先根據板的厚度，固定銑刀的長度。再啟動修邊機，推動推板，在推板上銑削出一道長方形的槽。

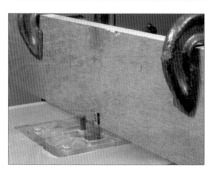

　　取下長板，在長方型槽上黏上一塊小木塊。等膠乾了之後，再將長板夾回推板，但是位置要向右移，讓木塊與銑刀間的距離、小木塊、銑刀直徑都等寬。

　　再啟動修邊機，推動推板，銑削第二道長型槽。量出小木塊與第二道槽之間的距離，是否與第二道槽等寬。如果一樣寬，就可以用螺釘將長板鎖緊在推板上。

　　將第一塊板的內面朝外，端面貼緊修邊機銑削台的台面，一側頂緊推板上的小木塊，用固定夾夾緊。

　　啟動修邊機，銑削出第一道榫槽。

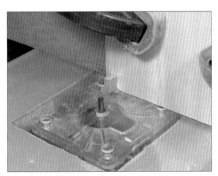

　　放鬆固定夾，將第一道榫槽插在小木塊上，木料端面一樣需貼緊台面，然後再用固定夾夾緊。

再啓動修邊機，銑削出第二道榫槽。

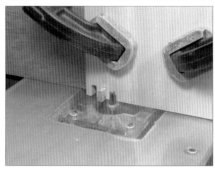

一樣先放鬆固定夾，改將第二道榫槽插在小木塊上，木料端面仍須注意是否貼緊台面，然後再用固定夾夾緊。

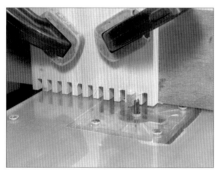

一直重複前三個動作程序，就可以將整片木料的指接榫槽都銑削出來。

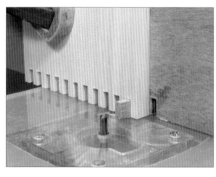

第一片木料的榫槽全部銑削好後，將木料翻面，讓第一道榫槽插在小木塊上，然後用固定夾夾緊。

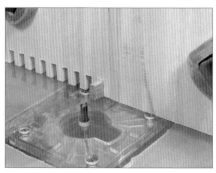

再取第二片木料，一樣內面朝外，端面貼緊台面，頂緊第一片木料，然後用固定夾夾緊。

　　啓動修邊機，推動推板，即可銑削出第二片木料的第一道榫槽。圖左是先取下第一片木料，可以看出第二片木料的榫槽位置，恰巧與第一片木料相反。

　　放鬆第二片木料的固定夾，將木料右推，頂緊小木塊，然後用固定夾夾緊。

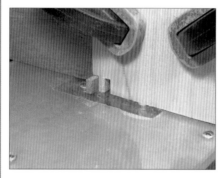

　　啓動修邊機，推動推板，即可銑削出第二片木料的第二道榫槽。

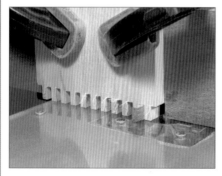

　　重複前面的動作，即可將第二片木料的榫槽都銑削出來。實務上，先將第一、三片木料兩端的榫槽都做好，再做第二、四片木料的榫槽，就可以組合起來。

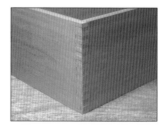

　　指接榫的接合是必須依賴膠來黏合，甚至有在上下端加木釘或其他釘合。塗膠固定時，必須用固定夾夾緊，同時要注意方正，不可夾歪了。

第 **10** 章
鳩尾榫接合

DOVETAIL JOINTS

10-1 貫穿鳩尾榫（燕尾明榫）

貫穿鳩尾榫又稱燕尾明榫，英文為 Through Dovetail Joint。在板對板的接合情況，這是一個很美觀又堅固的榫，因此在西式家具上，被大量採用。

首先用直尺等分板寬，來決定要做幾個鳩尾榫。

再用自由角規劃出鳩尾榫。

先用圓鋸機或帶鋸機將廢木鋸掉大部份，這樣可以減輕三角梭刀的損耗。這個除去廢木的步驟，也可以用木工雕刻機來做，只是較耗時而已。

設定高度

將鳩尾木料立起來，調整銑削台的三角梭刀高度，設定好就將木工雕刻機鎖緊。

小木塊
擋塊
肘節夾
對齊

製作鳩尾榫時，需不斷將木料翻面，所以用肘節夾當固定工具比較方便。要銑削最外側的鳩尾榫時，為了避免切到擋塊，可以在擋塊與木料之間，夾一片小木塊。

將三角梭刀對齊木料的鳩尾榫斜邊，用肘節夾固定好，即可啟動木工雕刻機，銑削出第一個鳩尾榫的外側斜邊。

板開肘節夾，將木料翻面，頂緊小木塊，再重新用肘節夾固定。

啓動木工雕刻機，銑削出另一側的鳩尾榫外側斜邊。

拿掉小木塊，調整擋塊位置，讓木料的第一、二個鳩尾榫間之榫槽對齊三角梭刀，然後板上肘節夾固定。

對齊

啓動木工雕刻機，清除榫槽間之廢木。第一個鳩尾榫就做好了，第二個鳩尾榫的斜邊也出現了。接著就再翻面，依樣做另一邊的鳩位榫。

重複前兩個步驟，就可以將所有的鳩尾榫都做出來。做鳩尾榫時，每設定一次，就可銑削出上下兩片鳩尾部木料的左右兩端的前後兩側榫槽。以圖左為例，只要設定三次，就可以做出所有鳩尾部木料完整的鳩尾榫。

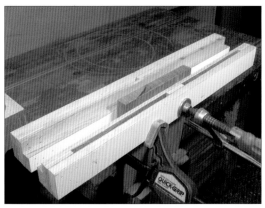

製作栓部時，先將木料夾緊在工作台上，端面朝上，再用導尺輔助夾夾緊在兩側並保持空隙。導尺輔助夾與木料端面必須保持在同一平面。

將鳩尾部木料貼齊在栓部木料端面，用固定夾夾住。

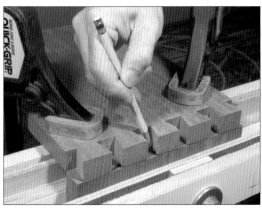

用鉛筆（能用劃線刀更佳）劃出栓部。

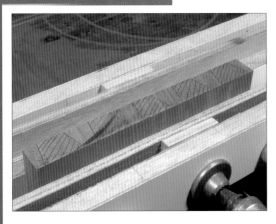

拿掉鳩尾部木料，將栓部的廢木區用斜線標示出來，才不會弄錯。

在導尺輔助夾上安裝好導尺，即可啓動木工雕刻機，清除掉廢木。

如此逐次即可將栓部的廢木清除得非常乾淨。

所有的栓部木料都做好，就可以開始組合。組合時，可以將鳩尾部木料平放，然後立起栓部木料在敲入。也可以將栓部木料立起來夾緊固定，然後將鳩尾部木料放在上面敲入。

10-2 不貫穿鳩尾榫（半隱燕尾榫）

不貫穿鳩尾榫又稱半隱燕尾榫，英文叫做 Half-Blind Dovetail Joint，有很多種樣式，最常見的是用鳩尾榫機製作的抽屜結構。我們就以此為範例，讓讀者瞭解如何操作鳩尾榫機。

鳩尾榫機有很多種型式，從圖左的最陽春型至功能齊全價格昂貴的都有。作者比較偏好用銑削台自己做，而讀者可以自己選擇要用鳩尾榫機，還是自己動手。

使用鳩尾榫機時，木料都是內面朝上或朝外。設定時，先暫時夾住鳩尾部木料，稍高於機台（見圖右上）。再將栓部木料置於機台上，頂緊鳩尾部木料然後夾緊，再調整鳩尾部木料與栓部木料平齊然後夾緊（見圖左）。

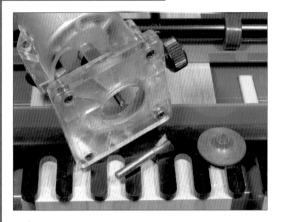

每一款鳩尾榫機都有特別的三角梭刀與樣規導板，購買時需問清楚。要開始做鳩尾榫時，栓部木料要平均置於指狀的型板下，而鳩尾部木料則平均置於型板的指槽間才可以（見圖左三）。

為了延長三角梭刀及機器的使用壽命，可以先用鉋花直刀清除掉廢木。

換上三角梭刀，就可以很輕易的將鳩尾榫及栓部同時銑削出來。為了組合正確，最好先拿些不要的木板來試驗，如果太鬆就伸長三角梭刀，太緊就縮短三角梭刀，重新製作測試，直到沒有問題，再用正式的木料來製作。

取下木料，清除掉毛邊，將板面翻過來，即可很容易的將鳩尾榫組合起來。

後記

　　本書選用這28個榫來示範，是因為它們很常用或很特別，能有舉一反三的效果。只是很遺憾未將明式家具中很著名的抱肩榫列入，是由於木工雕刻機受限於銑刀長度，要製作傳統有鳩尾掛銷的抱肩榫，無法單獨完成。雖然配合鑽床或角鑿機就可以做的出來，但是本書設定使用木工雕刻機與修邊機，所以才沒有示範這個榫。現在有許多抱肩榫，都如王世襄先生所說：「到清中期以後，也還是抱肩榫，掛銷省略不做了。」這種徒具外型而完全喪失結構功能的抱肩榫，用木工雕刻機可以很容易做出來，但已完全喪失製作的意義了。

　　明式家具能歷久不衰地受到世人矚目與喜愛，是因為外在造型的簡練優美，及內部木榫結構的耐久堅固。而內在的結構特點，主要在於：（一）靈活利用長的方榫、斜邊及夾角結構來產生堅強的結合力量。（二）大量的使用不同方向、大小及長短的雙方榫來形成穩定與堅固的接合效果。
透過這兩個特點的交互運用，一方面增加整體結構的堅固性，進而減少木料的使用；另一方面更影響了造型設計上的簡潔優美。

　　至於其他明式家具的榫，如霸王棖、格角榫、走馬銷、栽榫或揣揣榫等，雖亦未列入示範之列，但若學會本書的製榫方法，這些榫也難不倒讀者。

　　寫到這裡，要十分感謝新形象出版事業有限公司的鼎力支持，這本書才得以順利出版，與讀者見面。回首著作歷程，很感激我二哥及二嫂，能在我最困頓的時候，慨伸援手。也很感激我的妻子，給我最大的支持及有效的建議。最後不免要叮嚀所有木工朋友一句：「注意安全！」同時也與讀者互相勉勵：「加油吧！」

哈莉貓藝術工房
陳秉魁

參考書目

1. 王世襄著：錦灰堆 - 家具 - 造型與實用的雙重藝術，未來書城出版，2003年
2.楊耀著，陳增弼整理：明式家具研究（第二版），中國建築工業出版社，2002年
3. 康海飛主編：明清家具圖集，中國建築工業出版社出版，2005年
4. 鄒茂雄譯：木工接合圖說，徐氏基金會出版，1996年
5. 張福昌著：中國民俗家具，浙江攝影出版社出版，2005年
6. Gary Rogowski：Router Joinery, The Tauton Press, 1997

作者簡介

陳秉魁

現任
「哈莉貓藝術工房」負責人，專職從事現代木
工藝創作及木工一對一教學。

2007年
創作作品「CD'S MAN NO.2—患電腦症候群
的人：二愣子」參加總統府藝廊展出 「工藝有
夢—總統府文化台灣特展」。

2005年
哈莉貓藝術工房榮獲文建會評定為「台灣工藝
之店」。

2000年
創作作品 「變形的表情」榮獲第八屆台灣工藝
設計競賽入選。

哈莉貓藝術工房
地址：台北市南京西路233巷6號
電話： (02) 2556-8571

yahoo奇摩部落格「哈莉貓木工講堂」
http://tw.myblog.yahoo.com/jw!nhgdUYOFHxh
UkOQ1DgjIcQ—

做一個漂亮的木榫
－木工雕刻機與修邊機的進階使用

作者	陳秉魁
美編設計	陳怡任 ELAINE
封面設計	陳怡任 ELAINE

出版者	新形象出版事業有限公司
負責人	陳偉賢
地址	新北市中和區中和路322號8樓之1
mail	new_image322@hotmail.com
電話	(02)2927-8446 (02)2920-7133
傳真	(02)2927-8446
製版所	鴻順印刷文化事業(股)公司
印刷所	利林印刷股份有限公司

總代理	北星圖書事業股份有限公司
地址	新北市永和區中正路462號B1
門市	北星圖書事業股份有限公司
地址	新北市永和區中正路462號B1
電話	(02)2922-9000
傳真	(02)2922-9041
網址	www.nsbooks.com.tw
郵撥帳號	0544500-7北星圖書帳戶
本版發行	2017 年 元 月　第一版第四刷
定價	NT$ 580元整

國家圖書館出版品預行編目資料

做一個漂亮的木榫：木工雕刻機與修邊機的進
階使用 / 陳秉魁著. — 第一版. — 台北縣
中和市：新形象，2007[民96]
　　面 ：　公分

參考書目：面

ISBN 978-986-6796-01-2 (平裝)

1. 傢具－製造　2.木工

474.34　　　　　　　　　　　96008143